魟魠魚
旗魚
各種魚類
273
各種海魚
274

from the editor　　副總編輯　馮忠恬

除了個人情感外，我們還想找出台味的集體性

台灣味是個奇妙的議題，生長在這塊土地，有什麼不是台灣味呢？就像天才不用證明自己的聰明，他的行爲舉止談吐思考便說明了一切，尤其許多人的起手勢總會說，台灣是個多元文化融合的國家，從荷西、日本、中國、到近二十年來的東南亞移工與全球化交融，讓台灣飲食長成了難以定義的模樣，於是便容易流於個人情感記憶與生活連結，不過這些算不算台灣味呢？是，也不是，因爲你無法否定任何一個人的味蕾經驗，但卻無助於找到抹茶之於日本、Fish and Chip等於英國、陳皮想到香港等的集體發言權。

珍珠奶茶！我聽到有人呼喊，還有小籠包、刈包與夜市小吃……行銷的商業力道讓台灣人在對外介紹時，有了聚焦的幾個品項，但正如「雙口呂文化廚房」的騰威與佩儀所言：「只有這些嗎？」小籠包或珍奶可以滿足口腹之慾，卻無法讓他人理解台灣人的飲食生活與文化脈絡。

這期的封面故事，從「台灣菜味型研究」開啓序幕，在2050人的問卷調查裡，發現普遍的台灣人很喜歡食材原味（畢竟我們是物產豐饒的國家），紅燒、麻油薑、油蔥、三杯也是日常裡鍾愛的幾種味道，不過雖然我們愛原味卻也喜歡沾醬，白斬雞沾桔醬、涼筍配美乃滋、蛋餅淋醬油膏，全是熟悉的場景。另外，台味裡還有個很重要的滋味－「甘味」，如果說日本的鮮味重要，台灣的甘也絕不能等閒視之，它是歷經發酵後的餘韻回甘：老蘿蔔、酸菜、蔭冬瓜、豆豉醬、破布子……。

接著我們還採訪了幾位不同朋友，先聽台菜神級料理人渡小月陳兆麟、青青餐廳施建發，以及接班9年的阿霞飯店吳健豪談台菜傳承的看法（罐頭是好主意嗎？）以及餐飲、文學界名人的快問快答，問問他們久居國外時，最懷念的一道菜是什麼？說起台灣味，一定要分享的事，結果滷肉榮獲冠軍，富含油脂的醬香是不少人的鄉愁。

面對台菜的逐漸式微，新世代的共享經濟有什麼解決之道？請一定要閱讀把傳統放進當代的「老台菜餐桌計畫」。最後讓我們理解精緻餐飲（fine dining）和台灣味之間的關係，從2018年《米其林指南》發佈後，精緻餐飲成爲向世界觀光客介紹在地風味的重要窗口，江振誠、黃以倫、何順凱、林泉、田原諒悟、賴思瑩、韓婷婷等星級餐廳主廚，分享了他們的創作觀。

礙於篇幅與能力，這次的台灣滋味仍多聚焦在台菜與部分的客家食材，沒有把原住民與東南亞新住民納入。所幸二十多年來致力於中華廚藝與台灣飲食文化研究的楊昭景教授團隊，在執行「台灣菜味型」研究時，把新住民的味道也都歸納進去了，期待未來各方都能繼續深化。這是一道自我認同的味覺習題，也是一個我們決定要如何訴說自己的集體追索，每步都是累積。

PART 4
米其林裡的台灣味

Bonus

Contents **採集日常，台灣滋味！醬料、香氣、食材、味型**

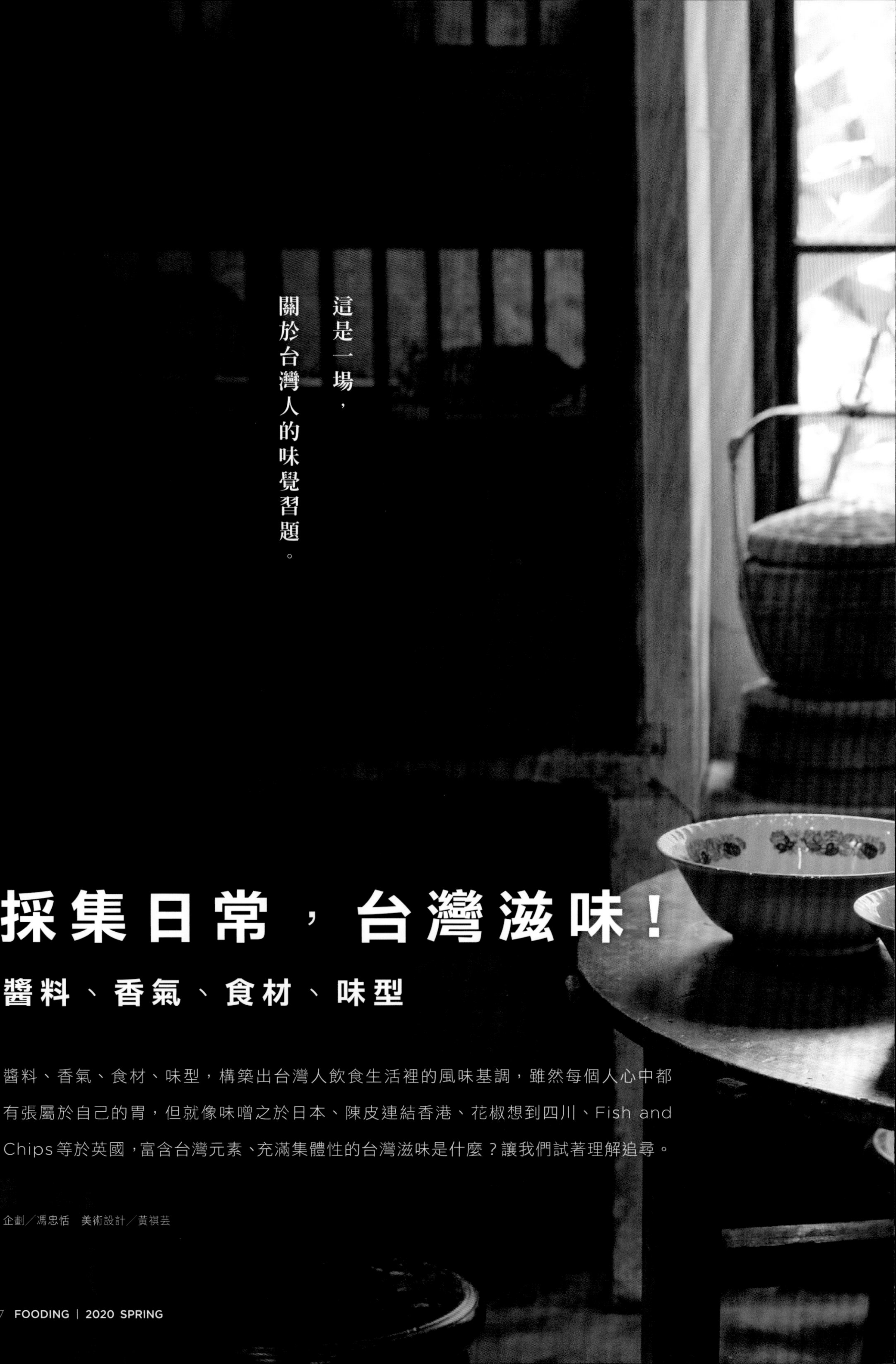

這是一場，
關於台灣人的味覺習題。

採集日常，台灣滋味！

醬料、香氣、食材、味型

醬料、香氣、食材、味型，構築出台灣人飲食生活裡的風味基調，雖然每個人心中都有張屬於自己的胃，但就像味噌之於日本、陳皮連結香港、花椒想到四川、Fish and Chips等於英國，富含台灣元素、充滿集體性的台灣滋味是什麼？讓我們試著理解追尋。

企劃／馮忠恬　美術設計／黃祺芸

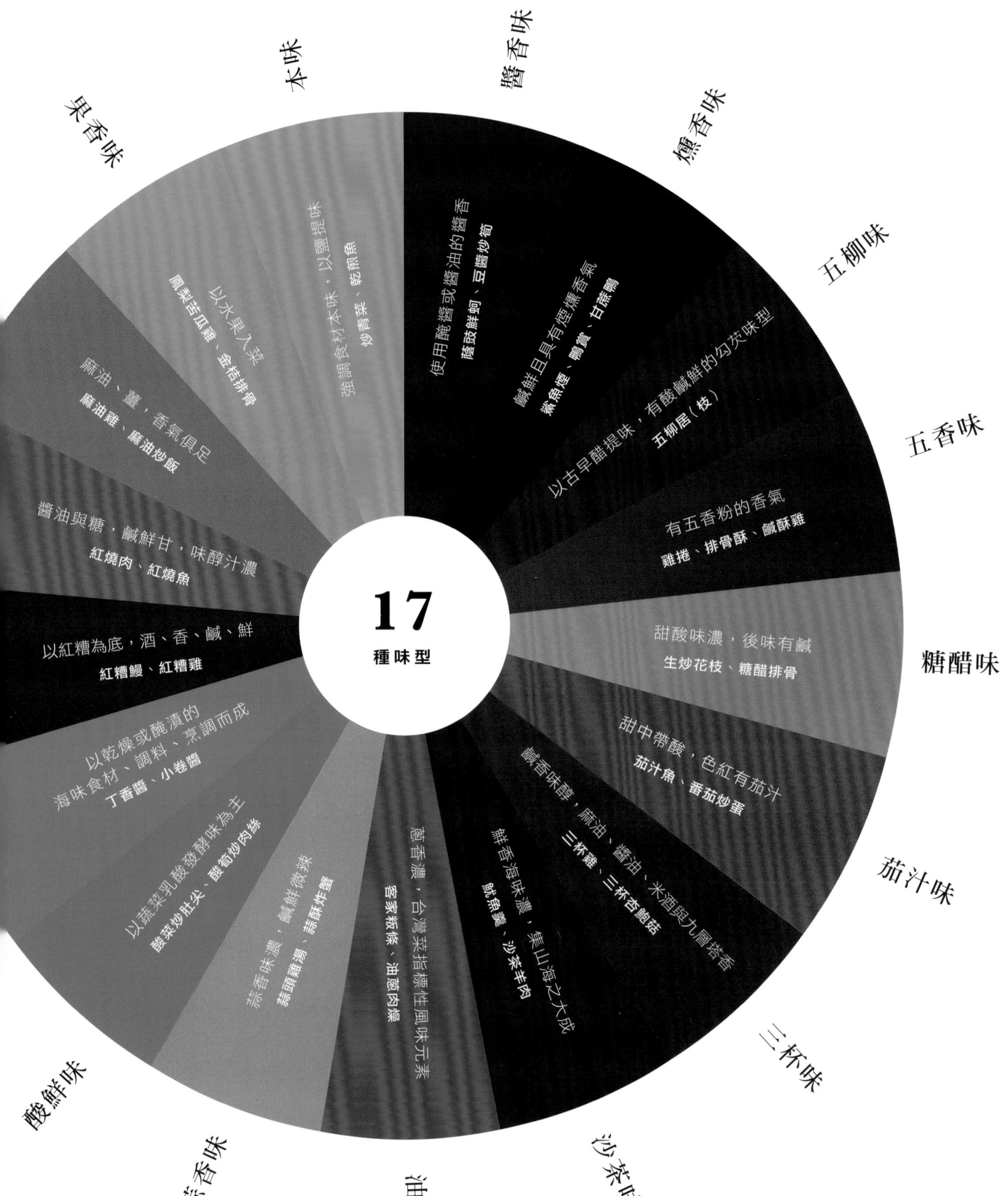

文／楊昭景　資料整理／馮忠恬　資料來源／典範科大計畫、高雄餐旅大學中餐廚藝系楊昭景教授、台灣服務科學會、看見台灣基金會

Chapter
Taiwan Flavor
1-1
17 kinds of

台灣味研究的
現在進行式

麻油薑味

紅燒味

紅糟味

鮮鹹味

You Must Know...

台灣菜和台灣味的討論與探索，上百年來一直持續進行著，
飲食文化與味道是不斷變化累積的成果，
每個時期都有舊與新的交融，
轉變出當時期的飲食滋味與文化，
國立高雄餐旅大學廚藝學院團隊自2013年起，
結合國內學者及廚藝美食家，
研究歸整了台灣菜百年變遷的歷程和風貌，
包含族群飲食特色、台灣特色食材、調味品、菜餚和味道，
近期且在台灣服務科學會的邀請下，進行更進一步的台灣味研究。

2019年11月15日至11月25日，

台灣菜味型研究統整了17種味型對全國民眾進行問卷調查，

樣本數2050人，含括北中南東與各年齡層。

雖然對台灣菜味型的量化研究才剛開始，尚需更多的時間來累積與深化，

不過問卷結果裡，仍可發現當下群眾的偏好與認同。

最愛的
6大人氣味型

台灣人很愛食材原味，在最喜歡與最常吃的味型裡，本味都是第一名，不過說到最能代表台灣菜的味型時，本味則退居第八名，改為在風味上較有特色的三杯味、麻油薑味與油蔥味勝出，可見醬油、麻油、米酒、紅蔥頭、薑等調味、辛香料很符合台灣人對台味的認同與期待。

油蔥味　蒜香味　麻油薑味　紅燒味　三杯味　本味

認同最有台灣菜特色 前三名

no.1 三杯味
no.2 麻油薑味
no.3 油蔥味

最常吃 前三名

no.1 本味
no.2 紅燒味
no.3 麻油薑味

最喜歡吃 前三名

no.1 本味
no.2 紅燒味
no.3 三杯味

什麼是味型呢？

人類透過味蕾細胞感知各種食材或食物不同的化學成分表現，再加以具體化描述或命名之。酸甜苦辣鹹是飲食中常提的五種基本單純的「味」，後期又加註了日本所提出的「旨」味，也就是鮮味（Umami）。

「味型」則多指由數種基本味組合的複合味，因比例不同構成獨特味道。製作者藉由對不同比例基本味的調整與火候拿捏，創造出美味佳餚，例如「三杯味型」便是麻油、米酒、醬油的合奏表現，再加上台灣獨鍾的九層塔香和蒜頭，構成了味、香、色俱全的「台灣三杯雞」。

在民以食為天的農業社會裡，味道是決定「好吃」與否的首要條件，所以對「味」的探索和研究，古今中外早已展開。中華料理中首見四川菜對該區域「味型」的統整與定義，此舉也為川菜的「一菜一格，百菜百味」論述奠定基礎。

台灣菜味道系統中在相關的研究裡則呈現不同論述，以「基本味」、「搵料」（沾醬）和「複合味型」為架構而成，正應證了「一方水土，一方飲食」。

Chapter
Taiwan Flavor
1-2
Dipping sauce

喜愛原味食材的我們，最愛沾搵料了！

早期台灣人的飲食有著清淡鮮醇的特性，風味比較淡雅，不乏湯湯水水的菜餚，「我常講台菜很簡單，就是醬油、麻油、米酒、紅蔥酥、蒜酥，這是最基底的。」廚藝資歷43年，兄弟食堂主廚、中華美食交流協會理事長郭宏徹說，台菜的提味沾醬多半出現在冷盤，五味醬、蒜蓉醬和沙拉醬可說是台菜經典搵料。

1 醬油膏

百分百台灣特色

甘 甜 鹹

主要成分｜醬油、開水、澱粉、糖

適沾食材｜從黑白切、蛋餅、蘿蔔糕到水果都可沾

特色｜黏稠好沾附食材，且可延伸調成蒜蓉醬

以醬油加水、糖、澱粉調煮的醬油膏是台灣獨特的醬油文化，味道比醬油淡，帶著甜度與黏稠質感，更能附著在食物上，除了自家調製，双美人牌油膏深受許多台菜老師傅喜愛，甚至直言少了這牌子就不像台菜的味道。小吃店的黑白切常附上一碟醬油膏加薑絲，或是調成蒜蓉醬，配肉、海鮮皆宜。南部吃番茄也習慣搭配加薑泥、甘草、白糖的醬油膏，也有芒果青沾蒜蓉醬油膏的吃法。

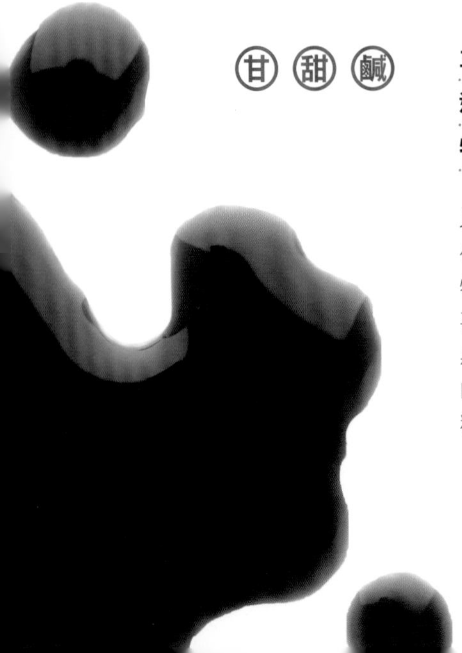

文／沈軒毅（20年資深美食記者）

2 蒜蓉醬

甘 甜 鹹 辣

庶民小吃常見沾醬

主要成分｜醬油膏、開水、米酒、白醋、糖、蒜泥

適沾食材｜海鮮、豬內臟、鴨肉

特色｜以醬油膏為基底，甘甜不死鹹

蒜蓉醬不僅在宴席菜、辦桌不可或缺，也是庶民小吃常見的沾醬，好的店家一定標榜自家調煮醬油膏，一來才能掌控自家風味，二是降低成本。醬油膏通常以醬油清為底加水烹煮，濃稠質地來自於糯米、地瓜粉或太白粉等澱粉，即便現在小吃攤多半使用現成的工廠醬油膏，講究一點的還是會經過調煮再使用，可將醬油膏加等量開水，再混合些許米酒、白醋和糖烹煮，讓味道甘甜不死鹹，再混入打成泥的蒜頭。

蒜蓉醬可搭軟絲等海鮮，配豬舌、豬心、生腸等豬內臟也很對味，也可搭配鴨肉。

3 五味醬

台菜經典冷盤沾醬

主要成分｜白醋、烏醋、醬油膏、番茄醬、糖、薑泥、蒜泥、辣椒泥等

適沾食材｜有嚼感的海鮮

特色｜調配時不需烹煮，取其鮮爽韻味

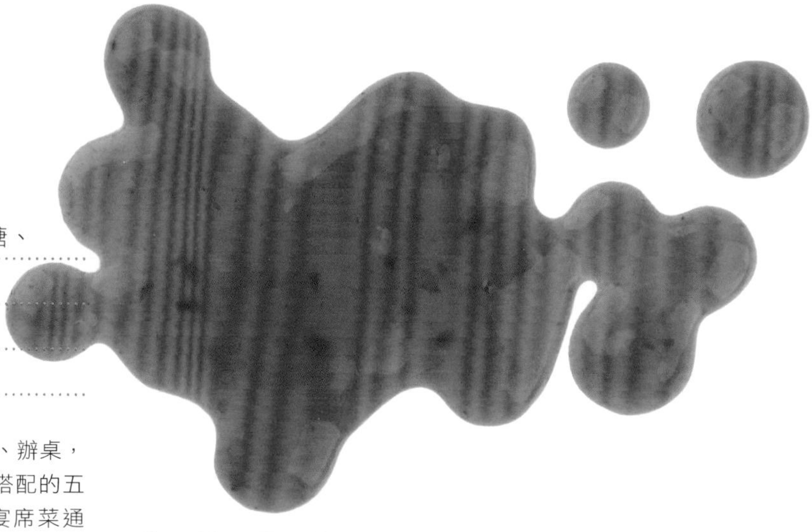

酸 甜 鹹 辣

郭宏徹說：「人家說南甜北鹹，但從北到南的喜宴、辦桌，有一種醬料是共通的，就是九孔、鮑魚、軟絲等搭配的五味醬。」五味醬堪稱是最經典的台灣味醬料，宴席菜通常第一道上桌的就是冷盤，裡頭一定會有搭配五味醬的海鮮。基本上是以白醋、烏醋、醬油膏、番茄醬、糖等為底，再加薑、蒜、辣椒打成的泥，滋味酸甜鹹辣，沾汆燙或清蒸的頭足類、貝類等較有嚼感的海鮮特別對味。配方比例或增或減，便可調出自家獨特風味，但共通點是不經加熱滾煮，以取其鮮爽韻味。

配方中兩種醋是取烏醋的香、白醋的酸，傳統僅使用薑、蒜、辣椒3種辛香料打成泥，或切細末增添口感，可冷藏保存好幾個月。亦有人會添加蔥、香油、米酒等，郭宏徹認為蔥的水分太高，若摻了蔥末，一兩天就得用完，否則容易發酵變味。

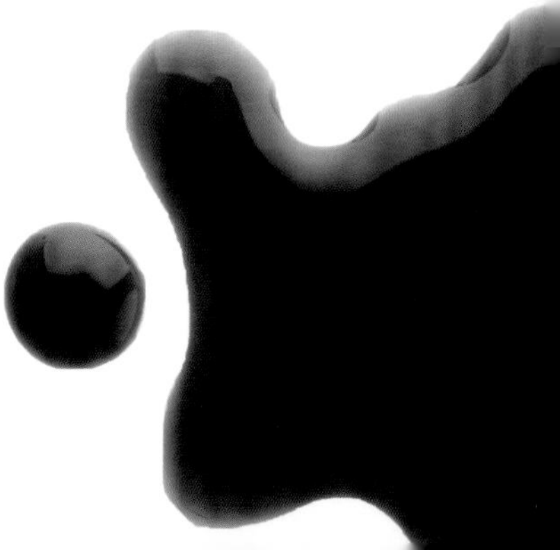

甘 甜 鹹 辣 酸

4

海山醬

山珍海味皆宜

主要成分｜醬油膏、糖、薑泥、番茄醬、味噌、辣椒粉等

適沾食材｜蚵仔煎、肉圓等各式食材都可搭

特色｜多種醬汁的基底，也可用在料理上

海山醬是台灣小吃常運用的醬料，比如澆在蚵仔煎、肉圓上的粉紅色澤淋醬，因用途廣泛，被戲稱「包山包海、沾煮皆宜」而得名。台南人吃番茄會搭以醬油膏加白砂糖、薑泥、甘草粉調製的薑糖油膏，在地人也稱為海山醬，現今海山醬大致以此為底，再加番茄醬、味噌、辣椒粉等調煮而成。

另一說則是海鮮醬的諧音，由閩南地區傳來台灣。但郭宏徹表示在台菜的運用中，海山醬並不是獨立的沾醬，而是屬於配醬的角色。「台菜的滷肉會加海山醬，除了取其醬油的香，還有甘醇味以及色澤。甚至台式煎豬肝也會使用海山醬調味。又比如甜不辣醬，就是以海山醬加味噌等調煮而成。」海山醬可說是多種醬汁的基底，不想色澤太黑會加海山醬，要增加香氣、味道甘醇也會加海山醬。若細分，坊間許多海山醬應該稱為甜辣醬，都是以海山醬為基底，再增減番茄醬、味噌等比例。

5

甜辣醬

吃甜不吃辣

主要成分｜番茄醬、辣椒醬、糖

適沾食材｜炸物小食、黑白切

特色｜甘甜辣度低

雖稱為甜辣醬，但多半不辣，吃來甜甜甘甘，舉凡各種炸物小食、炸雙拼、蚵卷、雞卷等，幾乎都會搭配甜辣醬。甜辣醬做法不外乎以番茄醬、辣椒醬、糖等為基底，台菜師傅則會以海山醬為底，加味噌、糖等調煮成甜辣醬，也會加少許番茄醬讓色澤更鮮紅。

甜辣醬在台灣小吃運用相當普遍，尤其適合搭配炸物、黑白切等，諸如瑞芳美食廣場裡的瑞芳鹹粥、金山傳統市場陳記雞卷、基隆麗香的店阿本伯燒賣、三兄弟大腸圈等，都會附上一碟甜辣醬。台中人吃大麵羹，甚至還會舀上一大湯勺甜辣醬或東泉辣椒醬。

甘 甜 微辣

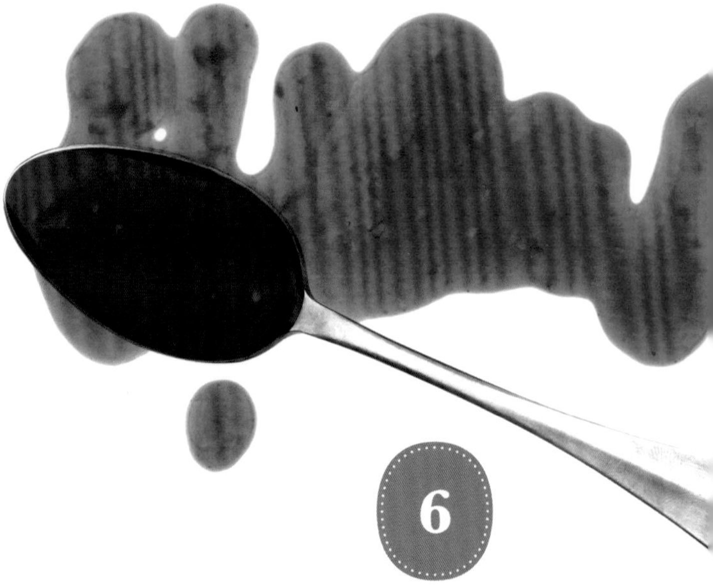

6

桔醬

客家風味

主要成分｜酸桔或金棗

適沾食材｜白斬雞

特色｜解油膩讓風味舒爽

甘 甜 酸

台灣人愛吃雞肉，偏好沾生辣椒醬油，但客家人吃閹雞肉時，桌上一定要有碟桔醬。桔醬是台灣北部特有的客家味醬料，多半是以酸桔製成，但苗栗一帶則使用金棗。酸桔並非高經濟價值的作物，且滋味過酸，於是節儉惜物的客家人便將其熬煮成醬，吃白斬雞、五花肉可解油膩，搭燙青菜可提甜味，甚至喉嚨不適時，也有人會沖熱水飲用。北部客家人愛吃桔醬，但南部客家人則習慣將九層塔切碎加醬油當成沾醬。

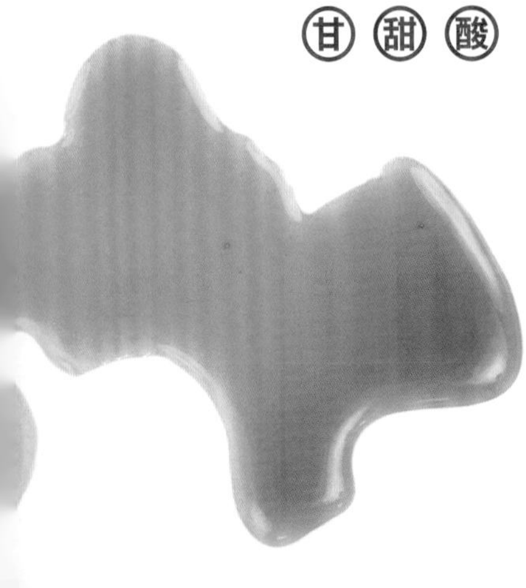

8

沙拉醬（台式美乃滋）

和風台食

主要成分｜沙拉油、蛋、白醋或檸檬汁

適沾食材｜帶殼海鮮、竹筍

特色｜滑柔香甜，嘉義的用法最特別

台灣人口中的沙拉醬多半指美乃滋（Mayonnaise），也就是蛋黃醬，老一輩常以日語發音唸作マヨネーズ（mayonezu），是以沙拉油、蛋、白醋或檸檬汁等打至乳化。有趣的是，沙拉醬在嘉義被稱為白醋，這個稱法來自於當地知名白雪牌美乃滋，創辦人早年在日本料理店當學徒，日本師傅離台前傳授了美乃滋配方，但留下的紙條僅依稀留下「白」、「醋」二字，隨著美乃滋大賣，原本沒名稱的產品便以「白醋」稱之，因此雲嘉地區才會將沙拉醬稱為白醋。

台灣辦桌菜通常將沙拉醬搭配海鮮，常見的龍蝦沙拉、鮑魚沙拉都是淋沙拉醬，尤其適合配蝦、貝類等帶殼海鮮，汆燙章魚除了沾五味醬，配沙拉醬也很受歡迎。而冷筍配沙拉醬，能凸顯筍子的清甜，也是相當普遍的吃法。

全台最愛吃美乃滋當屬嘉義人，使用寬扁意麵條的涼麵，除了淋麻醬、蒜蓉醬，一定會加上「白醋」，甚至連皮蛋豆腐、涼肉圓也都會淋「白醋」，而且多數人都覺得「白醋」比美乃滋甜一些。

美乃滋亦有加全蛋或僅加蛋黃打製的配方，郭宏徹表示，自家餐廳還是自行以沙拉油、白醋、糖、蛋白、檸檬汁等打製沙拉醬。

甜 酸

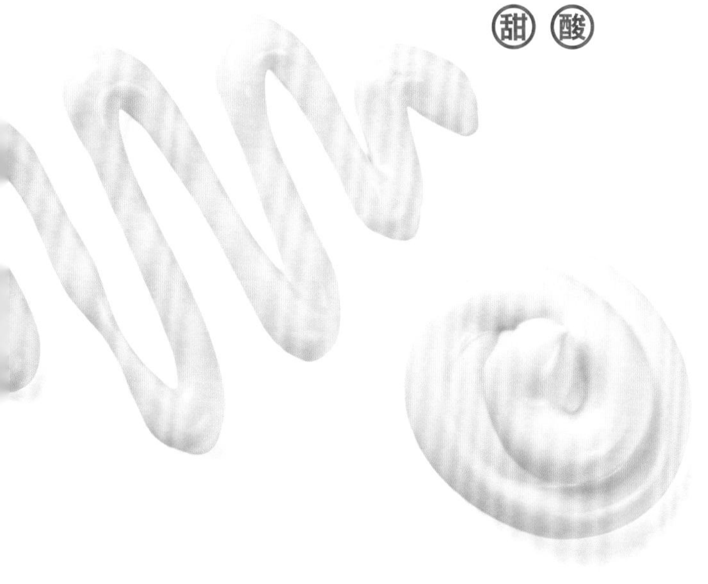

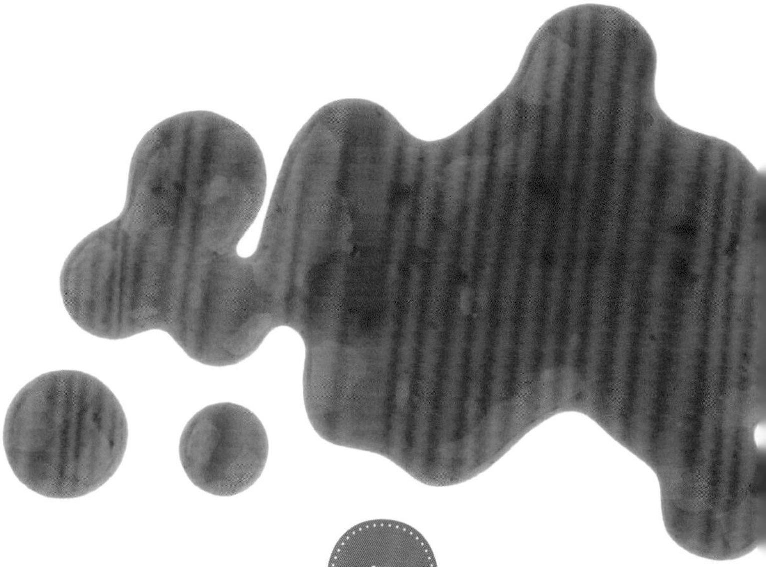

7

辣椒醬

鹹 辣

看得出風土條件

主要成分｜醬油或味噌、辣椒

適沾食材｜沾食、拌麵、料理

特色｜以醬辨人

辣椒大概在17世紀初引進台灣，辣椒被稱為「蕃姜」，但早期台菜較少辣味，辣椒大規模種植是在二戰之後，隨著工業興起，各地工廠也陸續生產辣椒醬，因此辣椒醬早期被稱為蕃姜醬，至今仍有許多品牌以蕃姜醬為名。

台灣幾乎各地都有辣椒醬品牌，口味會依照地區喜好與飲食文化調整，或是醬油底、或是味噌底，雖說是辣椒醬，但多半會帶著甜度與鹹度，這類瓶裝辣椒醬用途百搭，沾食、拌麵只是基本，還可用來炒、蒸、煮湯。許多人都戲稱，從辣椒醬喜好就能辨識出是哪裡人，像雲林北港附近是花生產地，所以辣醬便添加了花生，吃煎盤粿、米腸非得要淋上花生辣醬才對味。

更不用說台中人對東泉辣椒醬的喜好了，早餐炒麵要淋得一片紅，吃大麵羹也要澆得滿滿，還有將尖嘴醬料罐直接插入水煎包，擠入滿滿辣醬的吃法，常讓外地人瞠目結舌。

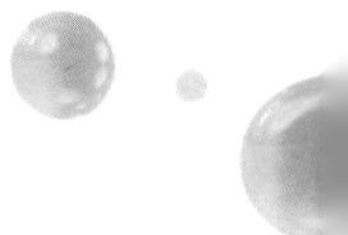

Chapter
Taiwan Flavor
1-3
Fermentation

用時光醞釀的台灣甘味！

文／沈軒毅（20年資深美食記者）　圖／好吃研究室

豆豉 dòu chǐ

豆豉是將黃豆或黑豆經蒸煮入麴、鹽漬發酵、蒸曬等過程製成，特生出獨特的醬香甘味。常見的豆豉有乾、濕兩款，差別在於是否經過曬製。濕豆豉帶著類似壺底醬油般的濃郁醍醐味，而乾豆豉味道較鹹，使用前宜先加些米酒浸泡，更能引出韻味。

在菜餚調味裡，豆豉不僅是鹹味來源，也會釋放出醬油般的甘香，吃來不會死鹹。豆豉煮鮮蚵是台灣大小餐館常見的菜色，豆豉也很適合用來蒸排骨、蒸魚。若是當成熱炒菜色的調味，宜先稍微爆香。

豆豉不僅可入菜，甚至也是製作其他甘味食物的調味，像是蔭鳳梨若添加了豆豉，便能柔化鹹酸風味。

豆醬 dòu jiàng

豆醬是台灣常見的調味醬，帶著恰到好處的鹹度，又擁有類似味噌般的甘味，熱炒店常見的炒箭竹筍、海產店的芹菜鯊魚，便都是以豆醬為主要調味。豆醬不僅適合蒸魚、炒海鮮，甚至還可以用來炒大腸；台式醃蘿蔔、醃菜心也常使用豆醬。

豆醬大致上有黃豆醬、米豆醬。黃豆醬又稱粗豆醬，是黃豆經晾曬，加糖、鹽等自然發酵，而米豆醬則是米跟黃豆一起蒸熟走麴製成，與黃豆醬風味類似。除了入菜調味，在製作醬鳳梨、醬冬瓜等，也常會添加豆醬。

發酵時的關鍵角色：米麴

台灣人特別偏好回甘不死鹹的口味，不同於加糖的直接甜味，以鹹爲主味，並輔以甜味或甘味。其中許多甘味都來自於發酵食品。豆醬、豆豉、蔭鳳梨、醬筍等，滋味或是鹹香帶甘，或是酸香甜甘，都讓菜餚滋味更加豐富有層次。

發酵是時間施展的魔法，即便酸澀難食的食材，在醃漬發酵熟成過程中，也能化爲甘美的韻味。生鮮食材最大的敵人原是時間，先民們卻靠著陽光、鹽、糖、麴，透過時間流轉，讓原本生命短暫的食材重生，不僅延長了賞味期限，也賦予嶄新風味。

在這些台灣甘味裡，釀製時的靈魂角色是豆麴和米麴，透過發酵過程轉變了食物的色香味。豆麴是黃豆走麴之後的產品，也就是經麴菌發酵過的黃豆，俗稱豆婆、豆粕，在南北貨行和雜貨店都能買到，是許多台灣甘味不可或缺的關鍵。而台式豆腐乳釀製時常混合豆麴與米麴，是經典的米豆麴製品。

透過泡醃醬漬等手法，這些發酵過的甘味早已融入台灣家常菜色裡，不管是蒸魚、炒菜、煮湯或配飯，都讓菜餚有了意猶未盡的風味。

經過時間淬煉，台灣甘味豐富了菜餚的滋味。

日曬個三五天，再加米麴或豆麴、鹽、糖等封蓋發酵熟成，味道較甘甜，因經過鹽漬、日曬脫水，質地會較實一些。由於台灣氣候較潮濕，過去講究一點的會等過了端午節之後才釀豆腐乳。

經過至少三個月發酵，豆腐乳即可品嘗，配飯佐粥皆宜，也能用來炒肉炒菜。客家人還會將豆腐乳拌九層塔或拌桔醬，以之沾肉，風味絕佳。

老一輩惜物愛物，吃完豆腐乳所留下的醬汁，加些酒、糖稀釋後，配點蔥、蒜、辣椒，澆在鮮魚上炊蒸，就能賦予蒸魚更有層次的鮮味。

醬筍 jiàng sǔn

台灣每年5、6月起進入麻竹筍產季，比較短的稱為菜筍，纖維較細；而較長的稱為加工筍，因纖維粗，通常用來做筍乾或醬筍。在南投鹿谷、竹山一帶幾乎家家戶戶都會以豆麴、鹽等醃醬筍，分為甜、鹹兩款，醃漬後，原本粗獷的纖維轉為柔細。甜口味切片後淋些香油，撒香菜碎或蒜末，猶如鹹甘醬菜一般，是在地人最

破布子 pò bù zǐ

每年農曆五、六月芒果成熟之際，差不多就是破布子盛產的季節。破布子也稱為樹子，生命力極強，樹葉常因蟲蛀變得猶如「破布」一般。破布子原本生食酸澀難以入喉，但經過醃漬便能轉為柔和，是台灣早期農家重要的甘味來源，《台灣通志》便提到「結子如苦苓，煮成以鹽醬浸之，甚甘美。」、「取以熬熟，成凍醃醬，能消積食。」

一般吃到的破布子有塊狀與顆粒狀兩種。破布子經煮熟搗裂，趁熱摻入鹽水，便可凝結成塊；若煮熟放涼，添加蔭油、鹽、糖等醃漬，則成顆粒狀破布子。因成本低廉，有助消化、開脾胃之效，早年農家常以稀飯配破布子為早餐。破布子鹹中帶甘的滋味也很適合入菜，蒸魚是最常見的用法，只消一小碟，稍微擠壓一下，搭配薑絲等鋪在鮮魚表面，炊蒸後，魚肉便帶著甘醇鹹香的滋味。

此外，破布子加些油拌炒即是下飯小菜，亦可用來炒蛋、炒龍鬚菜等，也能作為涼拌苦瓜、小黃瓜的調味料，都能讓菜色增添鹹甘韻味。

豆腐乳 dòufurǔ

台灣常見的豆腐乳是以黴菌或麴菌發酵製成，眷村口味多半是在豆腐上種菌再入甕發酵，質地較軟易散；而傳統台灣口味則是將豆腐鹽醃後，放在竹篾仔編成的竹幹上，

蔭冬瓜

yìn dāng-gue

耐儲存的冬瓜不但可以煮成甜的冬瓜磚，還能加豆麴、鹽、糖等醃成蔭冬瓜。蔭冬瓜也稱鹹冬瓜、醬冬瓜，一般要醃三個月以上，時間愈久，不但色澤會變深，味道也會更加甘醇，質地也會變得更軟些。

蔭冬瓜算是很家常的菜色，煮雞湯甘甜順口、蒸肉餅鹹甘下飯，煮筍子湯放一小塊蔭冬瓜，便能消除苦澀味。

紅糟醬

hóng zāo jiàng

台灣常見的紅糟有福州式和客家式，同樣使用糯米與紅麴。福州紅糟使用白麴，客家紅糟則利用米酒，釀製時間較短，大致是將糯米蒸熟，放涼至比體溫稍低的溫度，加紅麴、米酒拌勻，以透氣的布蓋著靜置3、4天，每日稍微翻動即可完成。經過發酵，紅糟會帶著一股微醺酒香和酒釀般的甘甜味。天氣熱時不適合做紅麴，否則容易發酸，因此老一輩的人都會選在冬至前後才開始做紅糟，天氣冷，慢慢發酵而成的滋味會更好。

早年冰箱尚未普及時，客家人會將拜拜後的雞肉、水煮三層肉以紅糟漬著延長保存期限。釀好了紅糟，只要把蒸熟的雞肉、炸排骨埋入紅糟冷藏幾天，吃來就是帶著微醺甘味的客家紅糟肉。

愛的配粥小菜；也能搗泥做成醬配燙青菜。

鹹口味則是炒菜煮湯的絕佳調味，在地人戲稱「以筍煮筍，愈煮愈甘」，牛耳藝術渡假村雕之森樹屋餐廳料理長劉恆宏說：「將鮮筍加醬筍煮40分鐘，放汆燙過的排骨再煮20分鐘，最後加爆香過的乾魷魚、香菇烹煮，美味關鍵是一定要滴些豬油，醬筍湯喝起來才會甘鮮滑順。」

油燜桂竹筍、劍竹筍也會加些醬筍提味，加點豬油，風味會更佳。而煎好的魚若是下些剁碎的醬筍燒一下，便能添增回甘韻味。

蔭鳳梨

yìn fènglí

菜餚的苦味通常不受歡迎，但只要喝過鳳梨苦瓜雞湯，在微苦中又帶著鹹甘果香，就能明白蔭鳳梨是如何化解苦味。蔭鳳梨也稱為鳳梨豆醬，早年的土鳳梨因為甜度低、滋味極酸，農村主婦們便將鳳梨切塊鹽醃，再層層加豆麴、糖堆疊醃漬，放上三個月至半年，原本酸澀的鳳梨轉化為甜甘滋味，吃稀飯時配一塊、煮湯時添些提味、蒸魚時覆上些許，就讓菜餚味道變得更甘美。

蔭鳳梨很適合搭配海鮮或煮湯，傳統的滷虱目魚頭非得加些蔭鳳梨，才能壓腥添甘味，讓原本的鮮醇更鮮明。在搭配苦味時，蔭鳳梨也提供絕妙輔助效果，苦瓜加上蔭鳳梨燉煮，增添了一抹清爽，讓湯頭先苦後甘。

據說呀，有些台南牛肉湯老店之所以吃來鮮美甘甜，美味祕訣就是在湯頭裡加了打成醬的蔭鳳梨呢。

台味好食材

文／石傑方、馮忠恬
攝影／好吃研究室

提到日本的餐桌，首先浮現腦海的是味噌、昆布、柴魚的味道；鹹辣酸香的清脆泡菜，彷彿理所當然地與韓國連結；番茄、橄欖油、乳酪，構成我們對義大利的舌尖想像，那麼台灣呢？

循著有史料記錄可依據的荷西時期開始，穿越明鄭、清領、日治、美援，到國民政府時代，一路耙梳記述屬於台灣的味道，透過原生、移民和殖民的交融，靈活善用就地可得的食材發展出繽紛獨特的餐桌樣貌，不論是曾經風華的「古早味」精緻餐飲，到現在朝夕相處的日常小食，這些基本食材從不缺席。

Chapter
Taiwan Flavor
1 - 4
ingredients

1

鳳梨

鳳梨原產於南美洲的亞馬遜河流域，在大航海時代經由哥倫布大交換傳入亞洲，約略在17世紀的荷西時期引進台灣，稱為「本島仔」或「在來種」品種。從資料上看來，在來種鳳梨香濃、味美，有著濃郁襲人的香氣。到了日人治台時期，為發展罐頭外銷產業，從夏威夷引進產量高、果型好的Smooth Cayenne「開英種」，鮮食、製罐以外，鳳梨纖維還可製成布料，經濟價值極高，目前市面上標榜使用「土鳳梨」製作的鳳梨酥，也多以這個品種為主。

滋味酸冽的土鳳梨生食有點咬舌，但經過充分加熱或密封醃漬後，是讓家家戶戶難忘的美味。鳳梨炒木耳、鳳梨苦瓜雞、鳳梨醬蒸魚，酸香解膩讓人百吃不厭；加進砂糖熬煮至接近焦糖化再分裝小袋放入冰箱冷凍，則是七〇年代小孩夏天最期待的消暑聖品。

隨著消費口味的改變，甜度高適合鮮食的「雜交種」成為主流，農試所陸續培育出釋迦鳳梨、香水鳳梨、西瓜鳳梨、牛奶鳳梨、金鑽、甜蜜蜜、蜜寶等20多種，一年四季都有不同品種上市，街邊巷尾隨手一杯的鳳梨冰茶，成了國外旅人對台灣味道的難忘美好。

品種／月份	1	2	3	4	5	6	7	8	9	10	11	12
金鑽鳳梨（台農17號）			●	●	●	●						
甜蜜蜜（台農16號）			●	●	●	●	●	●	●	●		
蘋果鳳梨（台農6號）				●	●							
蜜寶鳳梨（台農19號）				●	●	●	●	●	●	●	●	
香水鳳梨（台農11號）					●	●						
牛奶鳳梨（台農20號）						●	●	●				

可鮮食可發酵
更可入甜點

四面環島的在地鮮香

2 扁魚

常說一道成功讓人留下記憶點的料理，需得色、香、味俱全。扁魚是台灣食材裡具代表性的香氣味譜，不僅引來作家陳淑華在《島嶼的餐桌》書中專章思念，台南飲食作家黃婉玲也形容「爆扁魚在台菜中是最基本且重要的一門功夫」。但爆扁魚可非大火一開一股腦兒油炸爆酥即可，而是要以文火少油耐心煸炒，才能逼出深藏在扁魚之中的鮮美濃香。

扁魚的原料是體型較小的比目魚類，台灣四面環海，漁民補撈到無法以鮮魚販售的扁魚後，索性架網曝曬剝皮去骨，加工製成鮮香夠味、海味濃烈的魚乾。潮汕移民將沙茶文化帶來台灣，在本地加入扁魚轉化為自成一格的台味沙茶醬，台式的白菜滷、宜蘭的西魯肉、台南滷麵都必須仰賴扁魚增鮮提香，建議挑選體型完整肉質豐厚的為上品。

台味裡的甜角色

3 甘蔗

元代航海家汪大淵遊歷南洋、西洋，在其著作《島志略》中提到台人「煮海水為鹽，釀蔗漿為酒」，證明甘蔗在台灣的種植歷史，至少已有600多年。甘蔗是製糖原料，早在荷蘭治台時便有計劃性地鼓勵植蔗製糖，規模來到日治時期達到巔峰，以工業化強調效率生產的管理方式，讓糖業成為島上最重要的經濟活動。

做為全世界最重要的蔗糖產區之一，甘蔗也走入民間，擔任台菜料理中的甜味擔當。當時砂糖是受到嚴格管制的外銷輸出品，並非人人能夠輕易取得，做菜時會利用甘蔗或甘蔗頭，比方燉煮羊肉的湯底、滷豬腳，甘蔗皮可以用來燻肉、烤甘蔗雞，甘蔗汁也有緩和呼吸道不適的效果，冰、溫、冷、熱各種溫度飲用都合適。

台灣人喜歡食物裡帶有鮮味和甜味，台語俗諺說：「第一賣冰，第二做醫生」，過去的年代裡只要有一手出神入化的炒糖技藝，糖水攤子便可不愁收入，用那溫雅迷人的蔗糖甜香撐持起一家大小的生計。

表現方式多元，一年四季不同品種輪番上市

4 竹筍

上了點年紀的台灣人或許都還記得，以前婚嫁喜慶時，迎娶的禮車會將甘蔗或竹子綁在車頭，象徵貞節持守的習俗。台灣盛產竹，竹子與生活密不可分，竹器冬暖夏涼耐潮防蛀，兼有可撓性適合編製成各種容器。而全年裡箭竹筍（劍筍）、桂竹筍、綠竹筍、麻竹筍、孟宗筍輪番上市，讓我們隨時都能品嚐這清鮮脆口的百搭菜。

竹筍在台菜裡的表現方式太多了，涼拌、清炒、煮湯、紅燒、滷煮、餡料，無一不可，一時半刻吃不完還可燙熟後加入鹽水醃起來製成酸筍，幾日後自然發酵出隱約柔和若有似無的酸香，古典大菜五柳枝、紅燒羹、桂花干貝，都少不了這勾魂的一味。

將酸筍取出再曝曬成乾，口感韌中帶脆，與醬油和肉類滷煮後充分吸附油脂鹹香，那滋味讓人白飯怎能不再多添幾碗！

品種／月份	1	2	3	4	5	6	7	8	9	10	11	12
春筍		●	●	●	●							
劍筍			●	●	●			●	●	●		
烏殼綠			●	●	●	●	●	●	●	●		
綠竹筍				●	●	●	●	●	●			
桂竹筍					●	●	●					
麻竹筍					●	●	●	●	●			
孟宗筍（冬筍）	●	●										●

5

純天然味之素

香菇

香菇是山珍，對於生長環境的溫度和濕度十分敏感，過往只能透過海外進口或野生採集，日治時期雖曾嘗試引進人工栽培方法但效果未彰，直到1950年代林務局人員積極推廣，並由民間開發出新的栽培技術吸引菇農投入，才形成產業規模。

香菇本身含有鮮味物質鳥苷酸，經乾燥轉化後含量會大幅增加，因此在料理上乾香菇的運用比新鮮香菇更廣泛。雞肉中也有同樣能夠產生鮮味的谷氨酸鈉，怪不得不論冬夏涼暖，山產店、土雞城、熱炒店、小吃攤裡平凡但鮮美的香菇雞湯總是熱銷。

香菇以清水泡發後，使用前可以在炒鍋中先以熱油稍微「潤」一下，讓香氣完全舒展釋放再加入菜餚之中。呈琥珀色的甘鮮香菇水也別浪費，這可是純天然非人工的味之素，用來熗炒、煮湯都能讓美味加倍。

6

鮮活滋味

蝦米

蝦米是台灣料理中另一個香氣與鮮味的來源。四面環海，台灣人熟悉各種海鮮的吃法，也很早就懂得乾貨的美味，從基隆到澎湖，只要有漁村的地方，總能看見幾戶家門口正曬著紅通通的小蝦米。做蝦米費工，必須人工一隻隻耐心剝殼，乘著風順著烈日曬上好幾天，等待海潮與太陽的香氣融於一體。

泡過水的蝦米仍帶有些許腥氣，將水瀝乾後以小火煸炒，加點麻油可去腥增香。油飯、炒米粉、燒肉粽、草仔粿，加上一點爆香的蝦米，味道立刻鮮活立體起來。

7

賦予清新酸香

金針

金針花的外型金澄討喜，烹煮後入口嫩脆且帶有十分特殊舒雅的酸香，色澤、口感、滋味一應俱足，欣賞者趨之若鶩。也是台菜中經常出現，從巷口便當店常備的金針排骨湯，到家中餐桌的金針花炒肉絲，再回溯至傳統台菜裡擔任「筍腳」之一的酸味食材，都扮演著為菜餚賦予自然清新酸香的重要配角。

據信金針是在17世紀約莫鄭成功時期從中國華南地區引進台灣，因性喜低溫環境，只能在高山栽種，稱為本地種，或「高山金針」。近代透過農業改良場的努力，培育出可在平原種植的台東6號，農友便稱呼「平地金針」做為區隔。但不論是何品種，超過九成的本產金針都分佈在台東、花蓮一帶。

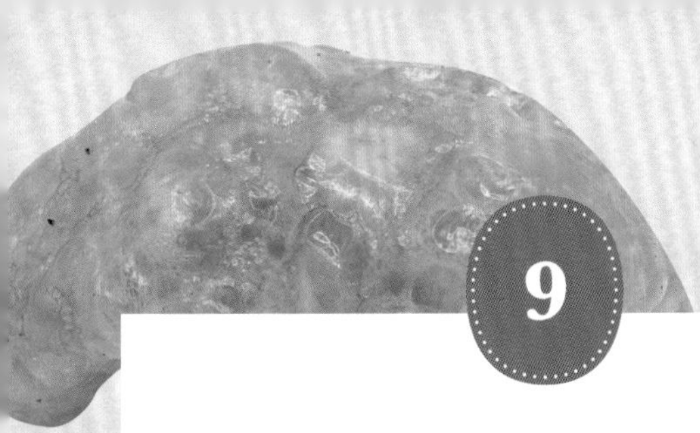

吸飽湯汁的
炸豬皮文化

9

爆皮（炸豬皮）

世界各地都有炸豬皮文化，但大多被當成零食、配酒菜直接下肚，走遍世界大概也只有我們的老祖先這樣惜物愛物又貪吃，想出將豬皮反覆經過浸滷、油炸、曬乾製作成爆皮，再放入如紅燒羹、白菜滷等含有湯汁的湯菜裡，成為拉抬鮮味和香氣，又有近似麵筋般軟韌口感的好點子。

爆皮是油炸製成，雖然耐久不壞但久放後仍會產生油垢味，作家黃婉玲在著作《老台菜》中建議先將整塊爆皮泡水，待其膨脹後修剪成適口大小，再以清水「加入薑片、蔥段和米酒滾開後，將爆皮放下去燙過，燙好的爆皮再泡冷水沖掉味道。」如此處理過的爆皮，與其他食材共煮後吸足浸飽了湯汁，「就會變得非常可口」。

8

老蘿蔔

老蘿蔔取自台灣人的勤儉精神，冬天產季一到蘿蔔吃不完怎麼辦？便將新鮮蘿蔔風乾醃製後入甕，隨著時間慢慢發酵，顏色會由白轉黃到棕再至黑，隨著年歲顏色漸深，價值越高，有黑金之稱。

年輕一點的蘿蔔乾可以做成菜脯蛋，不只是餐桌上的家常，把蛋煎成又澎又圓的完美形狀，更是廚師烹調技藝的展現。蘿蔔乾放個幾年便可下鍋熬成老蘿蔔雞湯，通常3、4年的老蘿蔔味道就很甘美，若能用到10年以上的老蘿蔔，湯頭滋味絕對令人難以忘懷。

越老越值錢

閩客融合的
娘惹食材

10

酸菜

擅長米製品與醃製菜的客家人，對台菜有舉足輕重的影響，酸菜即是一個典型的例子。酸菜、福菜和梅干菜，不僅是新鮮芥菜醃漬曬乾過程中三個不同階段的產物，更是客家人將菜乾利用至淋漓盡致的表現。清脆爽口的酸菜同時有酸香和鹹香，用醃得夠味的酸菜入菜或煮湯，不用加鹽也有滋有味。酸菜與鴨肉、蚵仔是絕配，夜市小吃的酸菜鴨湯和蚵仔麵裡總要加點酸菜和薑絲，才是我們從小到大熟悉的味道。

不曉得從什麼時候開始，早餐店的飯糰裡也悄悄放進了酸菜，台灣人對酸菜的喜愛，從這種小處就能具體而微顯露出來。

芥菜風乾三階段

梅干菜

酸菜經過時間的醞釀與風乾，至全乾狀態為梅干菜。

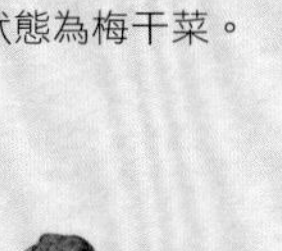

福菜

將酸菜風乾至六、七分乾即為福菜。將福菜裝入空酒瓶，緊密壓實，約可保存2-3年。

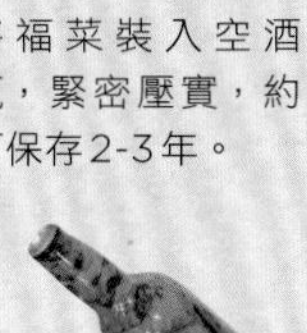

酸菜

新鮮芥菜歷經日曬、鹽醃一天脫水，再經歷破壞表皮組織後發酵15-20天。

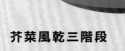

最台辛香料！

12

紅蔥頭

紅蔥頭非台灣獨有食材，但我們卻有自己的用法，常見的油蔥酥便是以紅蔥頭炸過後加入豬油或植物油製成，嚐到便台味十足，異地遊子若吃到油蔥酥或滷肉一定想家了。

外觀有點像迷你的紫色洋蔥，和洋蔥一樣含硫化物，生吃微甜帶嗆辣，遇熱嗆味下降轉成香氣，法國紅蔥頭吃的是甜味與口感，台灣則是盡可能的把紅蔥頭的香味引出，甚至裝罐保存隨時取用，屬於台味裡的重要調料食材。

台式三杯雞一定要的點睛食材

鹹酥雞裡也有！

11

九層塔

網紅主婦林姓主婦曾說過：「沒有九層塔的三杯雞不是三杯雞。」短短一句話道盡台式三杯雞精髓。三杯指的是麻油、米酒與醬油，此種烹調方式源自江西，台灣則加入九層塔與老薑，呈現獨特香氣。在台灣菜味型研究裡，也特別列出三杯味型，同樣的烹調技法，可加入不同食材做出如三杯小卷、三杯蝦，甚至現在也出現了三杯皮蛋。

除了三杯菜外，鹹酥雞最後起鍋前把九層塔放下油炸時的涮一聲，也撫慰了不少台灣人的心，吃垃圾食物也要有講究，在台灣，真的很少有鹹酥雞攤敢不提供九層塔呢。

13

仙草

天熱時一杯青草茶、仙草茶，是台灣許多人從小的夏天記憶，仙草風味根深於味蕾，一嚐便知。40-60年代，仙草還只是農民種植於山坡地、果園、菜園的副產品，因性喜海拔1200公尺山坡與排水良好環境，新竹關西因地形與氣候適合，70年代開始大規模集約耕作，成了仙草之鄉，佔了全台約八成產量。

每年3-4月種植，9-10月開花前採收，9月採收時新竹的少雨與九降風，恰好形成天然風乾器，曬乾後可擺放多年，和老蘿蔔一樣年份越老越好（老仙草），煮出來的湯色黑色透亮，除了可煮仙草茶，做仙草凍，是青草茶複方的重要原料外，也可煮仙草雞湯（涼補消暑），市面上不少都是進口的，可用外觀區分，進口的因運輸需求會壓得緊實整齊，台灣則綁得蓬鬆。

從小就熟悉的味道

可食補解熱

食物未至，香氣先行

米酒和麻油

台菜著重清鮮、講究原味，除了基礎的鹽、糖、醋、醬油以外，使用到的調味料並不複雜，主要是利用食材原始的風貌或經過醃漬、日曬的加工處理，帶引出酸甘鹹鮮各樣滋味組合。但台菜對於香氣的表現相當重視，炒菜前習慣先爆香，三杯、紅燒、清蒸、滾湯、快炒，樣樣都要做到鮮香誘人，食物未至，香氣先行。

對香氣的執念，讓米酒和麻油在我們的飲食裡幾乎無所不在。米酒入菜也入藥，身兼調味、食補、去腥、殺菌、祭祀、飲用等多種妙用；而麻油溫潤的氣味，滴滴涓涓融入我們從呱呱落地陪媽媽坐月子起，到每年冬日進補的暖香記憶，是最庶民、最熟悉、台灣人廚房裡的常備調料。

米酒以米發酵或蒸餾而成，是人類文明最原始的穀物酒之一，在亞洲主要稻米產地如日本、中國、泰國、韓國、馬來西亞、印尼都可發現米酒的文化，但我們現在熟悉的台灣米酒味道，起源自日治時代延續至今的公賣局配方，在蒸餾後加入糖蜜酒精調和，加熱後醇類物質綻放香氣，酒液帶出甘甜，使用在料理中讓食物更鮮、味道更美，形成本地獨特的風味。

三杯料理是外國朋友辨識度最高的台灣菜之一，以一杯米酒、一杯麻油和一杯醬油，再加上些許砂糖與九層塔，一鍋裡奔動流竄著醬香、酒香和甜香，大火炒出濃烈熾熱的台灣味。

早年移民背景在台人心中深植下食補食療的觀念，夏天涼補冬季溫補，不論搭配的是何種食材，滴上幾滴米酒，香氣一開，精神和體力似乎都跟著振作起來。民俗活動也與米酒緊緊相依，敬神、祭祖、甚至日常飲用，通常我們吃什麼，神明就跟著吃什麼，農業時代沿留下來的傳統，為使用得來不易的珍貴白米釀造的米酒賦予無法取代的神聖性，得以遊走於天地人之間，可以直接端上供桌，成為祭典上豐年禮敬的象徵。

麻油同樣是東方普遍常見的食材，但我們在氣味上和用法上都有本地的特色。日本人使用胡麻油做菜偏好淡雅清麗的風格，以輕焙或甚至不加熱的方式榨取油脂，色澤澄澈氣味清香，常用於製作涼拌菜，高級料亭或天丼店也會以精純的胡麻油作為天婦羅炸油。但台灣本產的芝麻種實小、外皮硬厚，出油率低，傳統作法必須經過加熱焙炒的「炒麻」程序後，再以鍋爐蒸熟讓油脂軟化，才能提高油脂榨取。

也因此，我們的麻油帶有溫潤的焙炒香，若是黑麻油，尾韻還會有一絲清苦韻。這樣的麻油用來大火爆炒或長時間燉煮特別夠味，用麻油煮湯如麻油雞酒、薑母鴨，若少了麻油便不成味，而且還能越煮越香，不但是產婦坐月子必要的補品，那股根植在我們基因記憶庫的醇厚香味，一年四季都教人心念流連。

阿霞飯店
吳健豪
餐飲經驗：15年

渡小月
陳兆麟
餐飲經驗：50 年

青青餐廳
施建發
餐飲經驗：46年

Chapter
Taiwan Flavor
2-1
The Chef

料理人說台菜？

在土城青青餐廳４樓有個三合院，那是民國七十六年，施建發（阿發師）的父親，希望讓兒孫住在三合院裡的奇想實踐，全家人熱鬧生活，過著城市裡的鄉下日子。阿發師的女兒施捷宜回憶起：「以前小時候廣場還有草地，堂兄弟姊妹都會在上面玩耍或看星星，從前沒有屋頂，下雨時地還會濕濕的，真的很像住在三合院裡。」

三十三年來，屋頂上的三合院承載了施家三代人的記憶，如今阿發師雖已搬離，仍主掌著1-3樓的青青餐廳。老家的廚房、神祕的醃製物也全在三合院裡，還有一間廂房改為貴賓包廂，整理的舒適古意。

在這個充滿城市魔幻感的空間，北部阿發師、東部兆麟師，南部健豪師，三位跨越不同世代與地域的台菜師傅，一起來聊聊他們心中的台菜精神。

採訪、撰文／馮忠恬　攝影／鄭弘敬

Q 台菜很多味道都有日本元素，比如番茄醬、美乃滋的使用，請問台菜和日本料理的關係是什麼？

施建發（以下簡稱發）：日治時代，官員都是日本人，那時候就把日本料理給帶進來。台菜裡的酒家菜、北投菜都是用來應酬的，那時最能花錢的都是做生意的人，應酬要拿出最好的來，民國五十幾年是台灣宴席菜最興旺的時候，還沒解嚴，根本沒觀光客，日本人來台灣買木頭、香蕉、鳳梨、樟腦，外銷賺很多錢，談生意就要喝酒吃飯，我還記得那時1塊美金對台幣41塊，做的菜都是「和漢料理」，也就是台灣菜加上日本料理，所以我曾說過，台菜是中華料理八大菜系融合日本料理這樣的話。

陳兆麟（以下簡稱麟）：早期要開日本料理的人，都是台菜加日本料理，也就是和漢料理，他一定有賣壽司、味噌，烤的也有反而炒的比較少，那時台灣人都知道最好的菜都是日本料理。

發：現在聽到味噌、紫菜、柴魚就會聯想到日本，其實那都是民國五十幾年和漢料理的元素，後來很好玩，政府說不能寫和漢料理要寫漢和料理，漢要在前面。

Q 在你們的心中，什麼是台菜古早味？

發：還做得出來的話，指的應該是五、六十幾年前的菜，我現在六十歲，要尋找古早味會去盤點早期的菜單，自己回想或去問比我年紀大，七、八十歲的老前輩，以前是怎麼做的。全台灣我把它分爲三個體系：阿舍菜（編註：慣指南部富裕人家的精緻私房菜）、北投菜、酒家菜是「宴席菜」，後來有了欣葉、青葉餐廳後，把菜脯蛋、吻仔魚、白斬雞、醃蜆仔等家常菜抓出來叫「一品料理」，再來就是各地的「小吃」。宴席菜當然都是最費工的，像布袋雞、八寶雞、雞仔豬肚鱉、通心鰻、桂花魚翅、蛋黃蝦等，有唸不完的菜，燉湯也有百百種，以前酒席要有鱉有鰻、還要有乳鴿才是頂級。

麟：現在很有趣，有時候你做古早味，年輕人沒看過還以爲你做的

宜蘭是鴨蛋的產地，兆麟師古早味西魯肉上的蛋酥用的便是鴨蛋。

是新菜，我很堅持以前的味道，像西魯肉上面的蛋酥用的就是鴨蛋，宜蘭是鴨蛋的產地，鴨蛋比雞蛋濃稠，含水量不同，風味也比較香。不過現在因爲吃台菜的人越來越多樣，渡小月也有很多外國觀光客，有些菜放比較多白胡椒，客人說太辣了，我兒子就會說白胡椒跟醬油不要放那麼多，但不放原來的味道就跑掉了，以後隨著時間潮流，年輕人會以爲這道菜的味道就是這樣子，所以我是屬於堅持派的，希望可以保留古早的味道與作法。

吳健豪（以下簡稱豪）：古早味可以分爲「口味上」的古早味和「眼

> “台菜我把它分爲三個體系，宴席菜、一品料理與小吃。”

睛看到的」古早味，消費者看到年紀大的師傅就容易覺得是古早味，看到像我這樣年輕的師傅就覺得不是古早味，很弔詭。不過現在最大的問題是，年輕人比較難去接觸傳統台菜，一般家裡大概就是一年一次，加上家庭型態的改變，以前阿公阿嬤叫吃飯，隨便都三、四桌，現在吃飯就四個人，要怎麼點菜？如果沒有常接觸，就很難成爲以後懷念的味道。

Q 既然很多老味道都慢慢消逝或因家庭型態的改變，退出大家的日常生活裡，台菜要如何傳承？

發：說到傳承，現在學習的小師傅都想要一步登天，不能幼稚園都沒讀就上大學，基本工很重要，一個老菜脯，我們一吃就知道是6年、9年還是10年的，過程要慢慢來才叫傳承，不是直接說答案就是A，爲什麼是A？B跟C又是什麼？每次酒席做老菜我都會跟大家說，四十多年前我當學徒薪水5百塊，那時一桌宴席菜3千元，是我

六個月的薪水，現在學徒2萬5千塊，六個月要15萬，但這桌只有3萬塊，很物超所值，今天大家來吃五、六十年前的老味道，只要繼續支持，我就會慢慢把老菜搬出來。

麟：說實在的小朋友在那裡，我用看的就知道他們做的對不對，有時候會懶惰，該用手切的用攪拌機打，味道就不一樣，但如果他們分辨不出來，就會選方便的。我認爲再不要求會完蛋，大家會覺得最好是買回來淋上去就好，阿發他們最近在做罐頭，就可以把味道留下來，流傳很久。

Q 把台菜裝進罐頭裡，很顛覆消費者的觀念，三位都覺得是好主意嗎？

豪：隨著食品科技的進步，加工食品越做越好，日本賣罐頭甚至有分年份，擺放時間長短味道會不一樣。罐頭本來就是要讓你永久保存，但台灣的食品管理法，規定要標有效期限，消費者會認爲過期就要丟了，像我們家老客人喜歡吃的北寄貝，一定要吃罐頭，而且還要日本的。

“ 佛跳牆裡每樣食材的甜度、鹹味、密度都不一樣，所有釋放出來再吸收回去，又是不同的味道 ”

發：我會做罐頭其實是有原因的，四十年前每逢過年過節，老客人都會說你來替我做個佛跳牆、砂鍋魚頭、西魯肉吧！每次爲了一、兩個做很累，後來乾脆多做一點成爲過年商品，數量一多，時間到了大家來拿熱的我們做不出來，或做出來品質不好，所以從二十幾年前我開始接觸冷凍食品，發現做得好的冷凍食品，回溫後還可以有八、九成，比起大量現做，品質反而穩定。烹調是時間、溫度的賽跑，以佛跳牆來說，所有東西都要在甕裡蒸一小時，所以海參不能發的太滿，豬腳筋好了要先汆燙20分鐘，得把每樣產品做到入甕蒸一小時剛剛好的狀態，每年從一百個做到五百個再到三千個，冷凍庫一台台的買，不過數量一多還是擔心品質，每個佛跳牆做完都要秤重，發現怎麼這一個少了200公克？得全部倒出來才會知道是少了魚皮、鮑魚、干貝還是芋頭？那些連續買我十幾、二十年的老客人，家裡也積了一大堆佛跳牆甕，後來就在想有沒有其他的方法？

和屏科大、台大的教授聊天，知道罐頭是所有食品裡最沒有添加物的，我找廣達香做罐頭很有品質的老廠牌，不是代工是合作，我的技術我做，你的技術你做，兩個結合起來發展出共同產品，這樣合作才會長久。去工廠試了十幾次，實驗每個食材要煮到什麼程度、炸到什麼程度、如何處理最適合？食材本身都有鮮味，罐頭把所有最鮮美的都保存在裡面，連味精都不用加，今年做了佛跳牆罐頭，結果消費者的接受度還蠻高的，問還有沒有，明年會再多做一些。

麟：佛跳牆裡每樣食材的甜度、鹹味、密度都不一樣，所有釋放出來再吸收回去，又是不同的味道，放越久應該會越好吃。罐頭可以保存味道，而且放在家裡隨時想吃都可以，如果以後可以外銷的話，在國外吃到佛跳牆、魷魚螺肉蒜這些老菜你說有多幸福。

Q 台菜國際化喊了很多年，但都沒有明顯的成效，覺得最大的問題在哪裡？

發：政府想要台菜國際化，把台灣菜推向全世界已經講了30年，從嚴長壽剛進亞都到現在都沒有成功，每個師傅都有自己的堅持與作法，要標準化很不容易。台菜大火、中火、小火，師傅永遠沒辦法讓徒弟知道什麼是大火、中火、小火，冬天的水，煮10分鐘才開，夏天的水7分鐘就開，如果用鍋爐煮，水分消失的又更快，要煮到剛剛好不是靠時間，要畫線、用尺量或用看的，很多台菜師傅都是藝術家，有審美觀念，色香味的色要懂、香要懂，最好的黃金比例是什麼味也要懂。

豪：最近很流行的日劇《東京大飯店》第一集，木村拓哉在煮長臂蝦，他眼睛閉著用聽的就知道蝦子好了，這眞的是每天實際在發生的事情。

麟：阿發的師傅跟我的師傅不一樣，他走了七間店我只有走渡小月一間，不過來我店裡的師傅會告訴我，比方美乃滋他打的就跟我打的不一樣，台菜有民間的也有大戶人家的，我們宜蘭是一個比較封閉的縣市，就說一個糖醋排骨，別人只有加糖跟醋，我們還加了番茄醬，外面的麻油雞不擺糖，我們的麻油雞一定要加糖，辦桌時台南中間會上水果中場休息，我們則是上甜點，最後結束會端上炸雞腿，讓大家帶回家。

> “罐頭在台菜裡也有他的重要性，像我們家老客人喜歡吃的北寄貝，就一定要是日本罐頭。”

發：國際化要從不同的國家來看，東南亞、歐美、澳洲都有自己的飲食文化，要結合當地的習慣，而不是一套菜拿到全世界用，現在我們越來越知道每個國家的喜好，比如國外幾乎不會看到雞頭，台灣喜歡雞腿外國人喜歡雞胸，歐美的魚一定沒骨頭，台灣酒席上的魚則是不能沒頭沒尾，所以國際化要經過改良，指的不是改良味道跟香氣，而是改良呈現方式跟使用部位。

Q 曾經想過要推廣哪一道菜到國際上嗎？

發：問的好，這已經三十年了都沒有結論，他列我也列，每個師傅加起來都列幾百個了，但都沒有一個人敢講結論。

麟：你單一的很好處理，太多師傅很難處理，像外國龍蝦就龍蝦，壽司就壽司。

豪：現在講到Bubble tea，全世界都知道珍珠奶茶是台灣來的，反而這種你說他不是台菜，現在卻代表了台灣，就像貝果紐約很有名，但貝果是猶太人發明的爲什麼卻在美國有名了？在還沒有辦法統一一個共識之前，可以先讓外國人體驗我們的生活，實際了解我們吃的食物，這塊土地上的每種食物都是台灣菜，至於要不要演化成國外習慣的方式，那是企業生存的辦法，如果我們要去美國開店，當然要去迎合當地的口味，包括日本拉麵店來台灣都要調整配方，不然我們會覺得太鹹。

Q 最後請三位談談，什麼是構築台菜靈魂裡的重要食材與香氣？

發：我女兒最近在幫我整理，我的香氣三寶是：麻油薑、雞油蒜頭、黑豬油紅蔥頭，這三個香味是絕配！我在國外看他們把蒜頭切片炸一下，就說這樣怎麼會香？如果只要酥酥的但沒有蒜味買洋芋片就好了，沒有足夠的香味就不是我們要的。

現在人很怕回鍋油，覺得炸過的油就不要了，我炸蒜酥，蒜酥有蒜酥的用途，蒜油有蒜油的用途，麻油炸薑也是，炸完後，薑有薑的用途，油也有油的用途，炒三杯雞絕對要用麻油炸薑的油來炒，就像廣東菜有分生油跟熟油，廣東人會把生油倒進鍋裡，洋蔥切三、四個丟進去，炸到紅紅快變黑色後撈起成爲熟油，用那個油炒菜香味才足。台菜則是把炸過辛香料的油收集起來，炒不同菜色用不同的油，眞正炒菜的時候一點點油其實很難爆出香氣來，我們就用大鍋炸辛香料的油去炒，香味才夠。

阿發師的老父親仍住在三合院裡，和兆麟師見面親切的打招呼。

麟：蔥在宜蘭很重要，宜蘭早期不吃蒜頭，除了五味醬有用到以外，一般做菜都是以蔥爲主，以前甚至連洋蔥也不太吃。我滷豬肝、豬舌、豬心剩下來的滷汁就是黑滷，所有精華都在裡頭，也是炒菜的利器，所以滷東西時，醬油要選自然發酵純釀的，早期阿嬤都自己釀醬油，現在如果要沾雞肉還是會覺得阿嬤自己做的醬油沾起來最好吃，宜蘭還有人在做手工醬油，如果要古早味就是要用這種家裡自製而不是工廠的醬油。

豪：我選黑豬肉，阿霞飯店到現在都還沒有賣牛肉，我從小就不吃牛肉，因此台南這幾年流行牛肉湯我一直覺得蠻妙的，我們有道拼盤就全部都用豬肉來做。另外蟳跟烏魚子也是我們很堅持的食材，螃蟹一定要蟹黃飽滿，烏魚子一定要拿雲林的，烏魚子一年只有冬至前後一次，連續五年我們都直接去漁港，漁船下來第一隻、第二隻看了喜歡，這一批就全收，因爲是野生的，規格不可能每年都一樣，尤其近幾年中國捕撈，拿到的數量越來越少，但也趁這個機會讓消費者知道，餐飲業是靠天吃飯，天然食材有一些差異是正常的。

發：我覺得台菜裡對好食材的掌控非常重要，如果不懂採購不能當師傅，比如蒜頭是很重要的香氣，你就要在每年5—6月最好的季節買雲林的蒜頭，如果用完還不夠，全世界有不錯蒜頭的地方就是泰國，那是第二選擇。老薑我一定會買11月墾丁、恆春、台東南部的，台灣農業發達，許多食材一年四季都有，但香味品種地域風味不同，自己要懂。

麟：我看食材沒有像阿發那麼精細，但永遠記得東北季風很重要，醃製風乾的東西，像鴨賞、醃肉等等，阿公以前就教我，東北季風來是醃製食物最好的時候。

我的經典菜

PROFILE

陳兆麟

宜蘭知名餐廳渡小月第四代傳人，在祖父與父親旁學習如何當一位全能的總鋪師：冷台、砧板、灶台、蔬果雕刻、祭祀準備，總鋪師所需的十八般武藝全在身上，曾出版《總鋪師的五條路》一書。16歲開始獨當一面做辦桌外燴，擔任過國宴主廚，拿下不少美食獎項，一生只在渡小月服務，近幾年開設麟手創料理，由兒子陳冠宇擔當主廚，以傳統滋味現代美學的新台菜思維，創造古早味在當代的新價值。

這兩道菜，剛好是有錢人跟甘苦人的縮影。豬肉是台菜裡的重要食材，早期肉最珍貴，然後才是海鮮、乾貨、蔬菜跟水龍頭（編註：水龍頭指的是勾芡，兆麟師曾出版《總鋪師的五條路》，談以前辦桌前總鋪師會先去肉舖、海鮮舖、乾貨舖、菜舖與水龍頭的故事與經典食譜），是後來海鮮數量越來越稀少，它的價值才超越豬肉。

大封

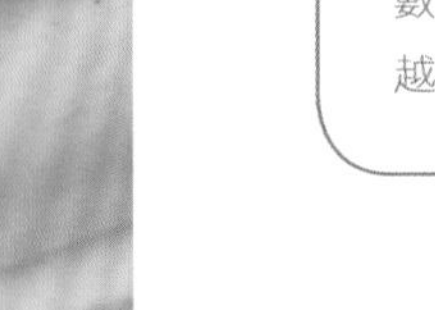

西魯肉

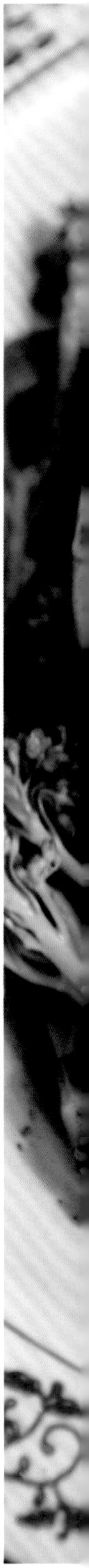

有錢人吃整塊肉的大封，甘苦人吃西魯肉。西魯肉是有名的蘭陽菜（編註；宜蘭稱為蘭陽平原），從前辦桌，廚師前幾天就會到主人家，和張三李四王五老六一起坐板凳，張羅要用的碗，甚至以竹子削筷子，辦桌結束後，剩下的菜尾會分類後再下去重新烹煮，冬天就加點白菜，夏天加些竹筍，再用蛋酥取代肉，擔心吃不飽，勾個芡，湯湯水水的就有飽足感了，是大家聯繫感情，種族融合的一道菜。

PROFILE

吳健豪

台南阿霞飯店第三代，高雄餐旅大學中餐廚藝系畢業，9年前不到30歲的他，以極強韌性，接下這間曾被林語堂、蔡瀾等名人讚不絕口的餐廳主廚，經歷一段風雨飄搖後走出自己的風景，在傳承與時代上取得平衡，但要緊的是，做出了自己相信且喜歡的風味。2015年以姑婆（阿霞飯店創辦人）之名，開設「錦霞樓」，挑戰台菜餐廳進商場的商業模式，深受年輕人歡迎。

經典拼盤

這道是在我們家最久的菜，也是善用豬肉的代表菜，所有東西都是自己做的，豬肝卷、蝦棗用豬網油去包，粉腸是紅露酒加紹興跟紅麴，是天然的食物染，蟳丸在台南很常見，每間的做法不一樣，其實就是麵粉、雞蛋、鴨蛋、蟹肉、蝦仁、香菇、豬肉下去製作，比較特別的是我們加了鴨蛋跟蟹肉，很多的蟳丸是沒有加螃蟹的，就像魚香茄子沒有魚一樣，這四道菜都是老配方，幾乎沒有更改過。

紅蟳米糕

紅蟳米糕是我們家最有名的菜，很多人說是我們家創的，其實這是福州菜，只不過我們會把螃蟹反過來擺給大家看，我姑婆以前就這樣做，要讓客人知道我們用最好的食材，蟹黃飽滿顏色漂亮，主人請客人來吃這道菜會覺得有面子，客人也會滿意。

米糕用兩種不同香菇、兩個不同部位的絞肉、蝦米跟長糯米，關鍵是米糕跟螃蟹要一起蒸，螃蟹殺起來就得馬上烹調，所以時間要抓得很好，出餐會比較有壓力，所以外面很多地方會把米糕跟螃蟹分開烹調後再擺上去，不過這樣米糕就不會有蟹香了。

我的經典菜

佛跳牆

50年前我就在北投學過佛跳牆，但一直沒機會做，直到40年前自己開店才開始做這道菜。可以放進佛跳牆的材料有百種，食材不同價格自然不同，這麼多年來雖然有變化，但湯頭的風味不變，是很多出國老客人都會懷念的味道。

20年前我開始跟統一超商合作，過年賣佛跳牆，第一年做一萬三千甕，銷到全台灣，帶動了過年吃佛跳牆的習慣，不然以前台灣人過年沒有特別吃佛跳牆，大飯店也沒有賣，後來幾乎每間飯店都有了，這道菜跟了我三、四十年，幫我吸引到許多真實的老顧客，是我的古早味。

我用13種食材熬湯頭，紅蔥頭，蔥酥跟扁魚帶出湯頭香氣，還有兩個重要的酒香：五加皮跟米酒，另外又加入13種食材：鮑魚、北海道干貝、海參、鳥蛋、雞肉、栗子、排骨、豬腳、百靈菇、紅棗、魚唇、香菇、芋頭。13種湯頭材料加上13種內容物，讓消費者好記憶。

PROFILE

施建發

出身餐飲世家，阿發師的料理啟蒙源自八、九歲起在家人旁邊幫忙的各式細節，十四歲正式入行當學徒，受過日本料理、酒家菜、粵菜、海鮮餐廳、飯店自助餐等七間餐廳的訓練，十八歲和家人一同經營青青餐廳，以酒席菜聞名，後又被李安邀請拍電影《飲食男女》裡男主角國宴主廚俐落的揮刀舞鏟，全出自阿發師的手，也曾擔任電影《總舖師》的美食顧問，國內外獲獎無數，有台灣廚神的美譽。

Q 阿發師給自己的佛跳牆罐頭幾分？

A 全世界大部分的罐頭都是單一產品，比如螺肉、鮑魚、肉燥，佛跳牆裡面有13種食材，每樣東西都要秤，打開時候內容物多少？魚皮多重？芋頭化掉了怎麼辦，芋頭原本的重量跟化掉的重量，菇類水分排出來，鮑魚會縮到多大，每樣東西都要算到最清楚。

如果要評分的話，我的字典沒有100分，現炸好立刻蒸的佛跳牆我給自己打90分、冷凍加熱的85分，罐頭現在我只能做到80分，但以後我還是要做到90分，要進步最怕不知道缺點在哪裡，如果知道就可以慢慢改，這只是一個開始，現在常放半個月一個月就開了，我還要放半年、一年，甚至放到三年、五年，試試他的味道會怎麼樣？我們有個研發室，裡頭會一直做記錄，一定要進步，之後還會陸續開發出不同的罐頭產品。

廚神

阿發師的肉燥

（甘味蒸鱸魚）

這道菜我要講的是上面的肉燥，古早味肉燥是從台南擔仔麵開始做起的，現在是台菜裡的重要醬料。我的肉燥炒好後會給他點時間發酵，讓味道更香，市面上大部分的肉燥都用11-14種材料，我用19種，包括辛香料跟不同的豬肉部位，其中鹹菜是過年時我自己醃製到喜歡的酸味後冷凍起來，要用的時候切一切，再和豬肉一起炒。這款肉燥，米糕、炒菜時都會用到，未來也希望可以做成罐頭。

現場討論最熱烈！

那些傳統的烹調技法與開菜單小秘訣

Soup Stock?

漂亮的台菜上湯

阿發師憶起，早期做高級料理時，會以干貝、雞骨、豬骨熬出台菜上湯，訣竅是要先燙到骨髓都熟了再一起下去熬，1.5小時後，熬出來的湯上頭會浮起一滴滴的油，很像香油淋上去的很漂亮。

Menu?

Fruit Carving?

台菜的果雕與精密計算

以前台菜透過果雕展現美學，紅蘿蔔、白蘿蔔、冬瓜、南瓜、大黃瓜等都可以雕，在美感上覺得少了什麼顏色，就拿水果蔬菜切片補色，阿發師說在他以前的訓練裡，師傅會要求半條黃瓜標準要切120片，如果今天要擺冷盤，一盤擺40片黃瓜，一條6桌，就剛好是240片一條的量，溝通上很容易也不會浪費，就像以前一條豬可以從頭吃到尾（連豬眼睛、骨髓、豬腦都用到），勤儉不浪費，也是台菜裡的重要精神。

菜單設計哲學，三個字、五個字、七個字

台菜菜單有時候喜歡擺闊，會故意讓客人猜，比如百子千孫跟花好月圓指的都是湯圓，講究一點的還會有藏頭詩，甚至為了讓菜單整齊，會補到一定字數。不像現在字數不同排起來常歪歪扭扭的，要三個字就統一所有菜色都三個字，如果吃3500元一桌就寫三個字，5000元的就寫五個字，原本「四寶湯」加上鮑魚，「鮑魚四寶湯」的感覺就不一樣了，加字會有豐富感，也可以馬上讓大家看到龍蝦、干貝等頂級材料，這是以前開菜單的技巧。

久居國外時，最想念的一道菜

Chapter
Taiwan Flavor
2-2
The Chef

蔡珠兒

【山野裡的甕仔雞】

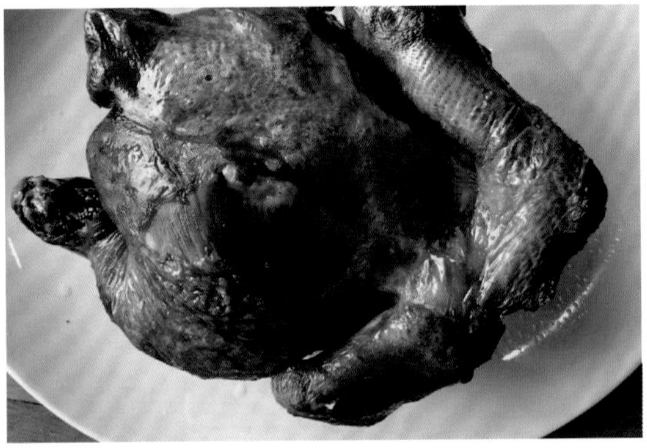

在海外多年，鄉愁早已磨薄，想念台味就自己動手，滷肉飯菜脯蛋三杯雞啊，都不難，連肉粽都能搞掂；唯有這一味，若不小心勾起饞意，發作起來心癢難當，坐立不安，完全束手無策。

甕仔雞，又叫桶仔雞、甕缸雞或窯烤雞，多半見於郊野山間，店外堆著炭袋或木柴，高豎紅字招牌，排著瓦缸或窯爐，煙味裊裊香氣洶洶，惹人意亂情迷，停車下馬。

整隻端上來，蜜褐焦黃，熱辣滾燙，戴著棉手套現拆，油亮噴香，讓人不顧吃相抓起來啃，唉呀太好吃了，雞皮酥脆，肉質腴潤帶汁，即便雞胸也豐軟可口，那獨特的煙氣燻香，尤其迷人。

世界各地有各種烤雞，在我心中，台式甕仔雞是最完美的，風味馥郁鮮滋，吃法痛快豪邁，而除了淋漓的口感和觸感，還有當下情境，在山野啃著雞，沐著風，看著山櫻和樹影，人間極致，大約如此。

PROFILE

台大中文系後擔任記者多年，1990年代赴英國伯明罕大學攻讀文化研究，曾旅居英國與香港，現與先生定居台北。喜翻弄廚鑊，晴耕雨讀，凝情鑄字，風格自成。曾獲第二十屆吳魯芹散文獎，並為兩岸三地所矚目。著有《花叢腹語》、《南方絳雪》、《雲吞城市》、《紅燜廚娘》、《饕餮書》等多本散文集。

韓良憶

【在荷蘭，想念涼筍】

如果說情欲是流動的，那麼我以為，食欲是浮動的，尤其是異鄉遊子的食欲。

僑居荷蘭時，食欲往往伴隨著鄉愁而浮沈，渴求的滋味時時在變動。幸好，我住的城市華人夠多，這些舌尖上的鄉愁多半能夠得到化解，有的可以在唐人街找到，有的能夠自己動手做。然而，偏偏有那一兩樣，整個荷蘭上天下地都找不著，好比說，台式涼筍。

試過偷偷夾帶竹筍回荷蘭，選了幾隻不大不小、彎似牛角的，仔細用紙巾包好，放進密封袋，再用棉衫包起來。結果，回到鹿特丹家中起出一看，筍尖竟然變長變綠，「出青」了，其味變苦，質地也粗了。原來竹筍出土後，還會繼續生長。後來，只能趁返鄉探親時，改帶真空包裝的熟綠竹筍回僑居地。說實話，真沒有現煮鮮筍那般清甜，炒肉絲或煮酸辣湯還行，可是做成涼筍吃進嘴裡，全不是那個滋味，不但滿足不了口腹之欲，更只會令思鄉情緒更加泛濫。

PROFILE

飲食旅遊作家和譯者，曾旅居歐洲十三年，目前和荷蘭丈夫定居台北。曾在報紙和電視媒體工作，還當過電影助理製片，目前在台北BRAVO FM 91.3電台主持節目，並為台灣和中國多家報刊撰寫專欄，繁簡體中文著作加起來近二十本，譯作更多。

What I miss most …

陳嵐舒

【母親的日式炒麵與舅媽的滷肉】

以前我在法國常做的有兩道菜，一是Yakisoba（日式炒麵），另一個是滷肉。

日式炒麵雖不是台灣味，卻是我重要的味覺記憶。小時候和母親相處的時間不多，常去日本的她，會用鹿兒島的黑豬香腸，放些高麗菜、木耳下去一起炒Yakisoba給我吃，其實就是以醬油、烏醋為主的醬料味，但我卻非常喜歡，可以一人吃掉兩、三包麵。

另一個是舅媽的滷肉，有段時間跟二舅全家人住，舅媽選用豆香味很好的黑豆醬油，不加香料與糖，以醬油、米酒慢慢把肉炒上色，味道很純很正，煮出來的滷肉黑黑亮亮，非常下飯，這種醬油與肉焦糖化的脂香，烙印在我心裡，即使法國只有龜甲萬，豬肉的味道也不同，但一直吃西式料理，只要有點醬香味，便是足以撫慰人心的家鄉味了。

（陳嵐舒／口述、文字整理／馮忠恬）

PROFILE

巴黎斐杭迪高等廚藝學校（ESCF-Ferrandi）第一名畢業，曾在Jean-François Piège及Thomas Keller的米其林餐廳工作，回國後於台中開設樂沐（Le Mout）法式餐廳，是台灣第一個進入「亞洲五十最佳餐廳」的傳奇名店，曾獲選2014年「凱歌香檳亞洲最佳女廚師」，是台灣Fine Dining界的靈魂人物。

謝忠道

【一碗肉燥飯】

雪白晶瑩，粒粒分明的白米飯，淋上黏齒沾唇，脂香油亮的肉燥，入口後，淡雅甜香的彈牙米飯和入口即化的鹹香肉丁，咀嚼起來，飯粒與膠脂在唇舌間彼此翻滾交纏，漸至彼此歡融，終成一口深邃的美味。甚至其餘配菜都不能增其風華。

我認為肉燥飯是兩種極簡風味材料共同展現的極致美味：純樸，平實，雋永，百吃不厭。這也是為何一碗肉燥飯能深入異鄉遊子最牽縈夢迴的鄉愁的原因吧。

PROFILE

彰化人，大學畢業後赴法國唸書。之後對法國飲食文化產生興趣，並企圖深入體會了解，目前以美食記者與作家身分旅居巴黎，為台灣、中國、法國的旅遊與美食報刊，撰寫飲食文化文章。著有：《巧克力千年傳奇》、《餐桌上最後的誘惑》、《比流浪有味》、《星星的滋味》、《慢食之後》、《飲酒書》等書。

久居國外時，最想念的一道菜

楊豐旭 Danny

【潮州街牛肉麵】

潮州街林記牛肉麵，門口掛了個白色水缸做招牌，又暱稱為水缸牛肉麵，從十一點到兩點，門口總有絡繹不絕的排隊人龍，雖然去年曾因人手不足暫停歇業，但不久前才重新裝修再次開賣，味道依舊且空間也更舒適了。

我總是選擇兩、三點後人潮退去時前往，「老闆小碗加蛋！」幾乎從沒在其他地方見過牛肉麵加蛋的組合，但半熟水煮蛋跟這裡的湯頭竟是無比的對味，拌入一匙桌上黃裡帶紅的牛油，更添香氣。老闆不藏私，大方分享了湯頭製法，原來是連同牛肉一起煮出來的原汁，再加上芝麻醬，更有鍋火不能斷的老湯！

在海地兩年半，最想念的就是這股滋味。

PROFILE

台大園藝所畢業到海地做了兩年半的農業技師，回國後擔任手工果醬品牌「在欉紅」的行政主廚，這幾年著迷於巧克力，成立「九日風巧克力專賣店」，曾獲世界巧克力大賽，同時也是「COFE喫茶咖啡」的研發主廚。

高琹雯 Liz

【滷一鍋肉，還有豆干、滷蛋】

在波士頓留學那一年，初次離家，想找回生活的熟悉感來安頓自己，於是做了紅燒肉。

放上豆干、雞蛋一起，雖然住家附近有知名的中餐廳，但賣的不外乎是糖醋排骨、咕咾肉、炒雜碎、酸辣湯、炒飯等等，幾乎沒有紅燒肉這個品項，尤其國外更難買到豆干、滷蛋，只好自己做。

我的成長過程飲食混雜多元，香港長大的父親、台灣母親與阿嬤，加上後來還有日本、西方的影響，不過紅燒肉卻是家裡餐桌上出現頻率很高的一道菜，醬油、糖、香料、紹興或米酒的味道，是從小到大的滷肉記憶。記得有次學校請各國學生帶家鄉味擺攤時，我還做了肉燥飯，於我而言，肉燥飯、魯肉飯也是很典型的台灣味代表。

（Liz／口述、文字整理／馮忠恬）

PROFILE

台大法律系、哈佛大學法學院碩士，2011年成立「美食家的自學之路」部落格，撰寫美食趨勢與相關報導，一路見證台灣精緻餐飲產業fine dining的蓬勃發展，2019年創立Taster美食加網站，著有《我的日式食物櫃》、《Liz關鍵詞：美食家的自學之路與口袋名單》。

What I miss most ...

Brook

【母親的滷肉】

留學生時期總想念家中悠長的醬香味，鹹鮮中帶著甘，混雜著有泥土涼味的老薑，還有陳年紹興在空氣中暈開的醇厚，對，是再平凡不過的滷肉，聞著是種陪伴。

上好的下五花，我媽滷的是晶晶亮亮又方整，近乎紅燒，滷水收得濃稠，帶普洱茶色；陶鍋中漸緩的氣泡起伏，是熄火的休止符，即便夏天，一離火，表面就結起米紙般的膠質，此時，豬皮還帶著點勁，肥瘦之間不會一夾就斷，瘦肉軟透濕潤。朝天椒、桂皮有辛有香，八角、甘草一抹清新，醬油則要盡可能的好，在家吃，筷子難免打架，下好離手，在白飯上沾幾個印子，吹口氣一起吃，吃到長大。

這時間的滋味，可不是華人超市僅有的萬家香與不鏽鋼鍋能得，即便東風具備，還得有一屋子人，才有，家的味道。

PROFILE

在美國學行銷，遊走於多個食材品牌間，現為義大利知名礦泉水S.PELLEGRINO品牌經理，曾舉辦聖沛黎洛120週年「食代魅力女性」高峰會等大型活動，擅於連結各方資源，擁有極佳的人緣。

Isabella

【清蒸花腳蟹與鹹水鵝】

雖然有個東方胃，但我對義大利食物適應的很好，會想念的多半是在國外找不到，或即使有滋味也沒那麼好的。南義人愛海鮮但不吃蟹，我曾很認真的想過，如果是在這世上的最後一餐，我選擇吃台南的清蒸花腳蟹。

台灣海峽有洋流，蟹的運動量夠，從小只要秋天一到，父親便會去跟熟識的漁夫買新鮮螃蟹，花腳蟹吃的不是蟹膏、蟹黃，而是蟹肉的甜美緊實，是幾乎只有台灣中南部才吃得到的食材。

在日本吃蟹簡單，相反地，超市或市場卻買不到鵝與鴨。我對鹹水鵝有很深的依賴，在台灣每搬到一個地方，便會去尋找附近有沒有賣鹹水鵝的店家以收入口袋名單，我幾乎一、兩個禮拜都要吃鹹水鵝，在日本卻不可得，它變成了我旅日最思念的食物。

（Isabella／口述、文字整理／馮忠恬）

PROFILE

理工腦人文心，語言能力好且愛看電影，20年媒體生涯後人生大轉彎，先後到日本、義大利，學習起司製作，並於2016年成立慢慢弄乳酪坊，以職人之心生產起司，並提供各種義式起司和料理提案。

Chapter
Taiwan Flavor
3-1
Dining table

把傳統放進當代

新世代的台菜餐桌計畫

家庭型態的改變，兩、三個人要怎麼吃一桌台菜呢？

豐盛、飽滿、團圓、分享是台菜裡的重要DNA，
而且有些料理就是得大鍋煮才美味，不如，善用共享經濟吧！

雙口呂文化廚房×富興米店的「老菜老宅—三合院台菜宴」計畫，
利用網路之力，不需一次找足十個人，
卻可以和網路上有同樣需求的朋友一同用餐，
讓享用台菜就像參加場好玩的event，成為饒富新意的事。

文／馮忠恬　攝影／林志潭

天啊！這根本是
做台菜的夢幻廚房

台菜宴掌廚人石傑方說：「在這裡做菜眞完美！」三合院、大灶、老盤、古碗櫃、灑落的陽光與附近的豬鳴，讓一切氣氛都對了。來這裡不只用餐，也同時把過往的生活記憶打包回家。

爲什麼會有這間漂亮的三合院廚房呢？

時間回到2014年，「雙口呂Siang kháu Lū文化廚房」主人周佩儀與黃騰威出國旅行，被外國友人問及台灣的飲食特色時，腦袋轉了一圈後，發現僅能說出牛肉麵、小籠包、臭豆腐等小吃點心，回國後便決定往內尋找，找出問題的答案。

周佩儀憶起從小吃到大的粿，決定跟高齡93歲的阿嬤學。華人的米食文化豐富精采，或祭祀或祝福，各節慶都有相對應的食物，從年糕、元宵、刺殼粿、粿粽、紅龜粿、米篩目到芋粿巧全都跟著阿嬤做，上手後決定要來復興米食文化，以外國旅客和親子爲對象，逢年過節，做粿縛粽，讓大家在三合院裡吃粿、做粿，品嚐節慶背後的故事。

不過有了手藝與想法，三合院要從哪裡來？

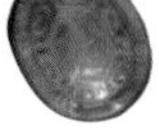

傳統米食包餡學！

紅龜粿怎麼包？

粿皮與餡以2比1的比例，先把粿皮搓圓後，中間按壓出凹陷處放餡料。

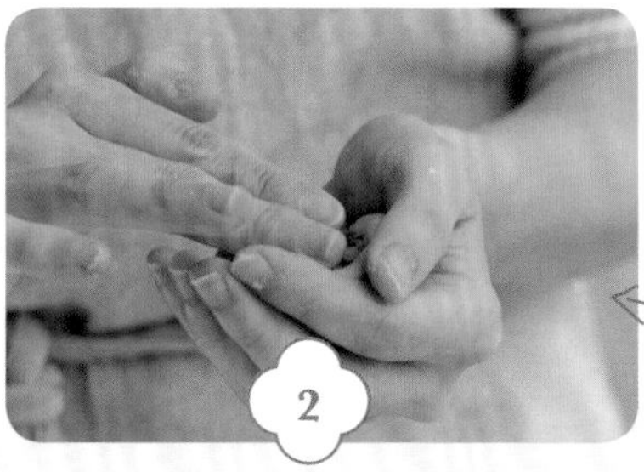

一手拱起包覆，另一手以食指、中指慢慢把餡料按壓進去。

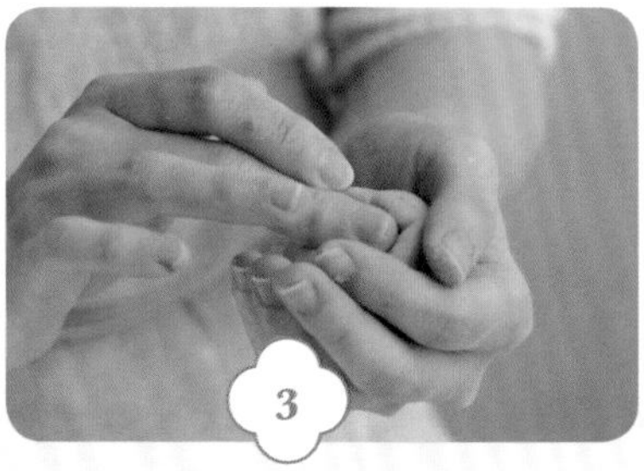

左右兩手協力，讓其封口。

雙品牌合作，把台灣賣出去

周佩儀與黃騰威，花了一年多時間，找了不下數十個三合院，卻都因產權複雜，無人願意租賃，幾次心灰意冷，黃騰威不小心說出了「不然找間老房子就好了」的念頭，卻被周佩儀一句：「做粿就是要在三合院裡」給制止，終於在嗑嗑碰碰中沒有放棄，才有了現在漂亮的「雙口呂Siang kháu L 文化廚房」。

他們將久未使用的廢墟老宅重新整理，設計師謝欣翰說：「這是當代古典。」在保留古樸與符合現代的需求中找到平衡，男主人黃騰威則補充道：「我們要『賣台』，要把台灣的米食文化賣出去。」

除了舉辦各式米課程，也會不定期和外部團隊合作，遂有了這次的「老菜老宅—三合院台菜宴」計畫，雙口呂發揚米食文化的心，和石傑方長期對台菜的學習一拍即合，每月一次的台菜餐桌，由石傑方出菜、雙口呂負責甜點米食，熱鬧登場。

紅龜粿怎麼包？

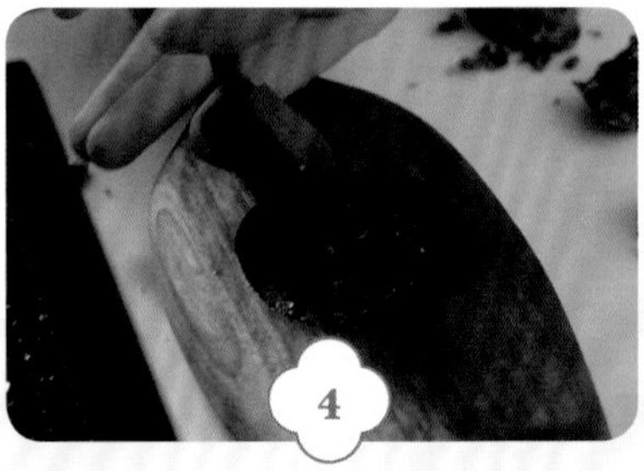

4

在粿膜上抹油。

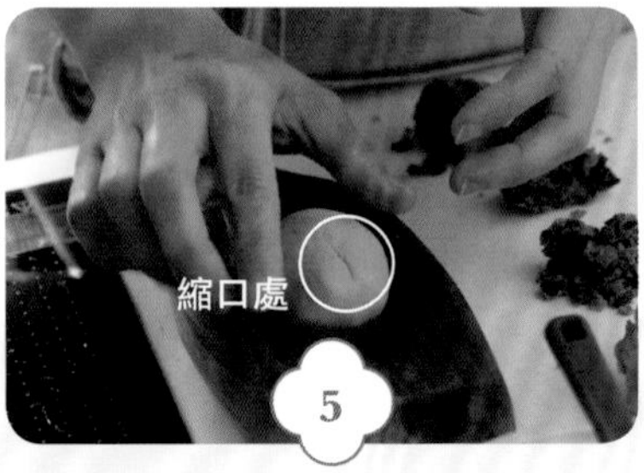

5

將包好的紅龜粿放上粿模（記得收口處要朝向自己）。

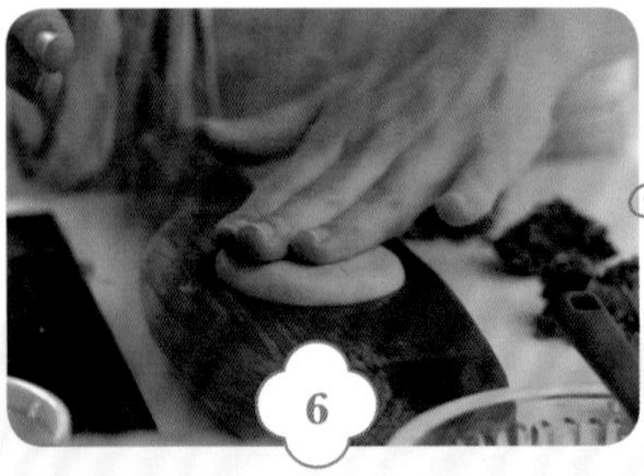

6

用拇指輕輕按壓，力道要均勻，平均按壓過後將粿膜倒過來準備脫模。

傳統米食包餡學！

9

放入滾水中30分鐘即可蒸熟。

8

將紅龜粿擺上月桃葉準備入蒸籠（若step5壓印時沒有將收口處對著自己，即會像照片中間的紅龜粿一樣，中間圖案有收口的痕跡）。

7

漂亮的紅龜粿成型！

石傑方的台菜宴

菜單

五福臨門（鳳腿照月、椒鹽肉、三色蛋、涼拌雞絲、滷豬舌）
香油煎肝
酢醋蝦
黃金雙拼（排骨酥、八寶丸）
五柳枝
桂花干貝
魷魚螺肉蒜
芋栗燒雞
古早粿
花生豆腐

PROFILE

石傑方，從事餐飲相關工作14年，連續多年南下和黃婉玲學習台菜，並不定期和美食圈朋友舉辦台菜宴露一手。2020年開啟「老菜老宅－三合院台菜宴」計畫，希望能將對台菜的理解與手藝，分享給大眾。現為富興米店主理人，除了賣好米，也精選各地好食商品。

富興米店

1 魷魚螺肉蒜

主材料 螺肉罐頭1罐　帶皮五花肉一條（約0.5台斤）　蒜苗1-2支　乾魷魚半隻

作法

1. 乾魷魚泡發（冷水浸泡一晚），魷魚水保留備用。
2. 帶皮五花肉汆燙後切 0.5cm 薄片，煮肉的開水預留一碗備用。
3. 蒜苗斜切備用。
4. 鍋中倒入冷水、魷魚水、螺肉罐頭的湯汁、煮肉的開水，煮沸。
5. 依序加入乾魷魚、五花肉片煮沸。
6. 加入二砂、鹽調味。
7. 起鍋前放入螺肉略煮一下，再沖入蒜苗即成。

2 排骨酥

主材料 豬梅花肉1台斤　紅糟1大匙　蒜頭5-6瓣

作法

1. 梅花肉切成約食指大小之條狀。
2. 蒜頭切粗塊。
3. 梅花肉加入蒜頭、二砂、紅糟，與少許醬油、米酒、清水，揉勻後醃漬一夜。
4. 將醃肉表層醃料清除後，裹上地瓜粉分別以低溫再高溫油炸即成。

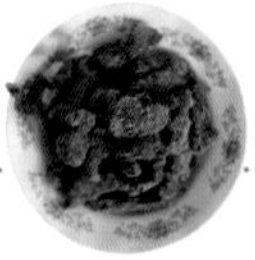

3 五柳枝

主材料 鱸魚1尾　乾香菇3-4朵　蒜頭4-5瓣　金針約10朵　桶筍絲少許　辣椒1根　黑木耳乾1朵　紅蘿蔔少許

作法

1. 乾香菇、黑木耳乾以清水泡發後切絲，香菇水保留備用。
2. 鱸魚兩側各劃3～4刀，魚身內外均勻裹上地瓜粉。
3. 加熱油鍋，將鱸魚炸酥後起鍋瀝油備用。
4. 辣椒切片、紅蘿蔔切絲。
5. 煸炒香菇至出現香味，再加入二砂、醬油炒至焦糖化。
6. 放入香菇水、桶筍絲、金針，加水煮沸。
7. 續入紅蘿蔔、黑木耳、蒜頭煮3～5分鐘。
8. 準備以鹽、糖、五印醋、蘋果醋、米醋調味。
9. 加上辣椒和太白粉水勾薄芡。
10. 最後將芡汁淋於炸魚上即成。

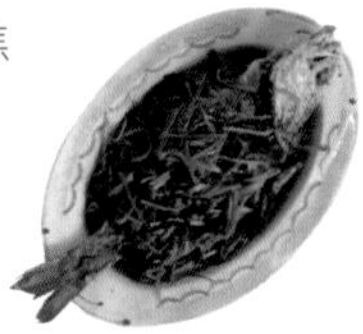

4 香油煎肝

主材料 新鮮豬肝半副（約1台斤）

作法

1. 豬肝直切，每片厚度約0.7公分可增加口感。
2. 加入二砂、醬油、五香粉與少許胡椒粉、麻油和米酒，醃漬半天。
3. 以文火煎豬肝至全熟。
4. 起鍋前可淋上少許米酒增添香氣。

2
4
1
3

跟著雙口呂做 紅龜粿

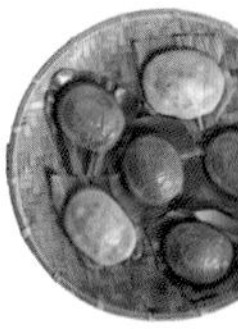

1. 做粿要準備的原料，今天要做兩種餡料：煮軟的紅豆、綠豆與薑泥、曬乾的鼠麴草、砂糖、蓬萊米團（桃園3號）、圓糯米團、粿模。

2. 先做餡料：紅豆煮軟瀝乾，乾鍋炒熱加入砂糖後繼續拌炒，（80克紅豆加3大匙糖）。

3. 炒到成團後（約15-20分鐘）可再收一下到喜歡的濕度（以前阿嬤為了祭祀久放會收得很乾，延長保存期，若不久放可稍微濕潤一些，口感較好）。

4. 綠豆餡料作法相同，唯一不同是最後要加薑末一起拌勻（80克綠豆加4匙薑）

5. 準備做粿皮：取10%的糯米團放入沸水裡至浮起，成為粿婆，粿婆有助於增加後續米團的黏性。

6. 把粿婆加入兩種米團裡（圓糯米：蓬萊米依個人喜好調整比例，可用2：1－6：1之間），並加1小匙紅麴粉（製作紅豆餡的粿皮）。

7. 若要製作綠豆餡粿皮，米團裡的紅麴粉改為3匙的砂糖與2克的鼠麴草即可。

8. 像洗衣服一樣，反覆的往前搓揉，揉到光滑（太乾的話可倒一點油）。

9. 每36克粿皮捏成一球。

10. 以餡料1粿皮2的比例包起（餡料18克，粿皮36克），放入粿模壓印出烏龜形狀（可見p.49-p.51包餡）。

11. 放入蒸籠裡，以滾水蒸30分鐘即完成！

PROFILE

周佩儀與黃騰威兩人是高中同學，原本一個做觀光產業，一個做國際業務，在一次旅行後，決定開啟復興傳統米食文化的夢，把在阿嬤身上習得的好手藝，透過網路介紹給全世界。2018年11月「雙口呂Siang kháu Lu文化廚房」開幕，所有發文皆有中英兩種語言，吸引不少觀光客特別到桃園大溪南興的三合院裡，一起做粿。

雙口呂
文化廚房

1

2

3

6

5

10

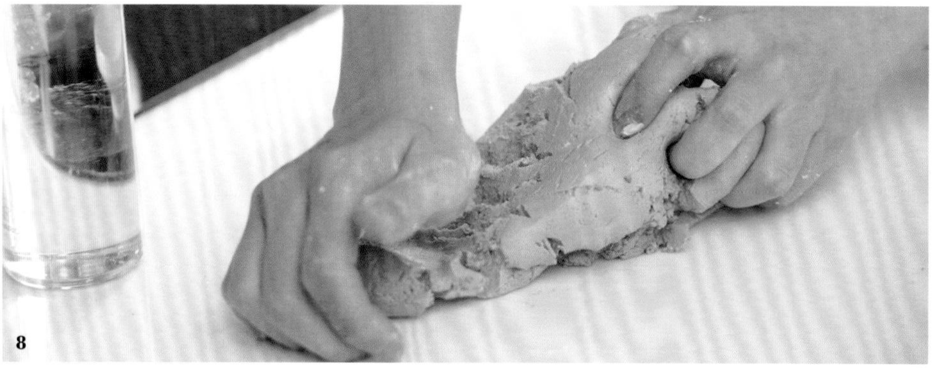

8

11

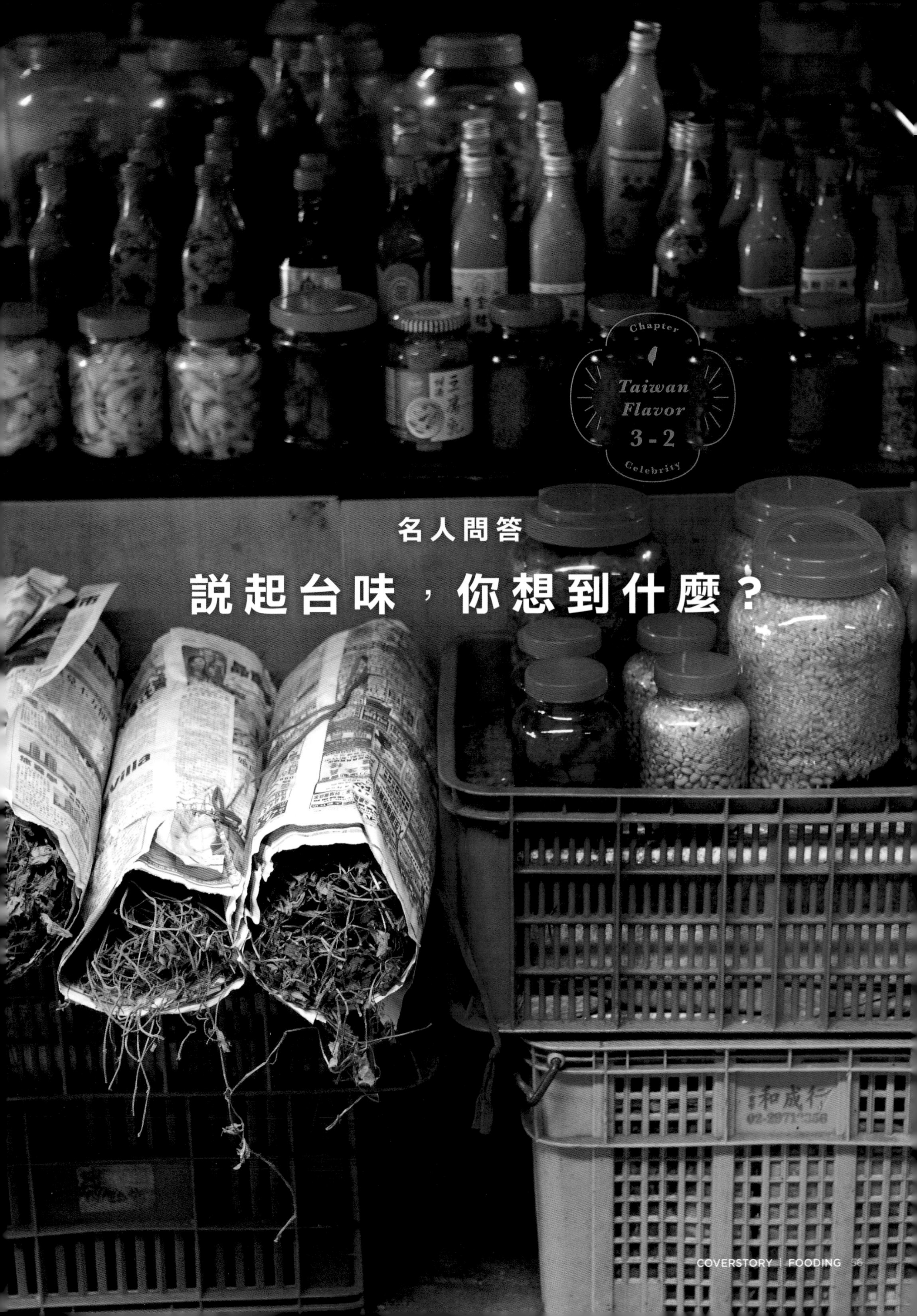

Chapter
Taiwan Flavor
3-2
Celebrity

名人問答

說起台味，你想到什麼？

LIN, CHIA-LUNG

TALK

01

交通部長

林佳龍

我的滷肉外交學

台灣的味道，應該因爲團聚、分享而吃得更香的人情味；那一鍋滷汁慢燉、滿足思念的味道。

我父親是裁縫師，家裡有許多師傅、學徒一起同住、工作，靠著我母親一個人每天準備大鍋飯菜爲大家補充體力。我記憶中印象最深的就是媽媽的滷肉，將洗淨的五花肉接著連皮帶肉切成塊，煎至表皮成金黃色，然後放入燉鍋，加上醬油煮到軟爛入味，那一鍋焦糖色澤在扒飯時連同肉和汁一起入口，滷肉塊肥而不膩、軟而不爛，色香味俱全。

用餐時間一到，布床就會清空充當飯桌，這鍋醬香十足的滷肉就是來自台灣各處、北上打拼的年輕師傅們最懷念的家鄉味。

尤其初二、十六，媽媽會準備魚、肉拜土地公，菜色最爲豐盛。我讀建中時是班長，總覺得有照顧班上同學的責任，所以都會邀請班上的僑生一起來家裡吃飯，託土地公的福，補補身體。道地的「人情味」，或許就是班上僑生每月期待這場聚會的原因。

在台大念書時，母親爲了讓住在學校宿舍的我，也能滿足家鄉味，不定時把燉製好的滷肉分袋裝成「媽媽牌冷凍調理包」讓我帶回宿舍，晚上即使不出門，簡單用電鍋煮白飯、下個麵，拌上滷肉，也能滿足思念的味道。媽媽愛屋及烏，總會多準備一些，讓我帶到研究室與同學分享，讓我做「滷肉外交」。現在也許這些同學各自黨派立場、位置身份有所不同，但偶爾見面的時候，只要一講起我母親的滷肉，還是可以瞬間回到當年的時光裡。

從美國修完博士學位歸國，再次品嚐到母親的滷肉，想起台語老歌《回鄉的我》，那一句「吃遍了山珍海味，還是阿娘煮的卡有滋味」，心中只有滿滿的感動。

從學生時代記憶裡的大鍋飯，到滷肉飯外交，說起台味，最重要的是屬於台灣的溫度，那一份人情味，不只是體感溫度，是一種內心感受。那一份因爲分享而吃得更香的滋味，就是屬於台灣人的集體之味了吧。

AUTHOR

曾任台中市長、立法委員、總統府副秘書長、行政院發言人。現任交通部長。

CHEN, JIN-GYI

TALK

02

飲食作家

陳靜宜

在原有的風土條件下，包容差異

在這塊土地上生活過的人們，與臺菜的食景息息相關，臺菜告訴我的一件事，我想是包容。

從歷史時間點來看，自唐、五代起，閩南菜已見雛形。而宋元以來，閩南菜就以山海聯合、山珍野味、生猛鮮活、原汁原味爲特徵。台灣的人口組成爲漢人，漢人中又以閩南移民佔多數，而以現代臺菜來看，菜格也延續了宋元時期閩南菜的大致表現。

台灣經歷過五十年的日治時期、國民政府來台的歷程，如今台灣有超過65萬以上來自東南亞等地的新住民，一點一滴都影響著這塊土地上的食景。人離不開食物、食物也離不開人，人們離開了原鄉，仍把原鄉的食物與味道延續到了這片新的土地上。

如今，台灣常民餐桌可以見到源自中國北方的水餃、源自福州的佛跳牆、源自江浙一帶的獅子頭、源自日本的味噌湯、沾醬則是源自潮汕的沙茶醬。台灣最知名的小吃是鼎泰豐，賣的是江浙麵點；台灣餐飲上市公司泰統，旗下的「瓦城」賣的是泰國菜。由此可見，台灣人對食物採取兼容並蓄的態度，在食物的世界裡看不到對人的界線與藩籬，也沒有排擠與歧視，我們包容、一視同仁。

台灣屬於移民社會，靠著每個人貢獻長才，才有今日的美好。而長才並非無中生有，而是源自父母的基因、社會與教育的資源，加上自身努力才有的總結。

法國美食家薩瓦蘭曾說：「告訴我你吃什麼，我就知道你是什麼人。」食物也一樣，它不會無中生有，人們把生養他、撫育他成長的味道與食物，憑靠著記憶一點一滴重新復原。

於是臺菜裡的「包容」，是先有寬容才有包容——先放寬自己對事情的設限框架，接著再把這些「不同」擁抱進去。包容就是願意擁抱不同，把來自五湖四海的味道、食材，調整成自己可以接受的樣子，而後放上餐桌，接受它也是我們的一份子，品嚐它、體驗它、理解它。

希望不僅對菜，對人也是一樣，來自不同背景、不同國籍的人們，我們不只理解還要能接受，不只接受，還要能擁抱，因爲就是這些不同，才讓台灣如此精彩。更重要的是，我們在原有基礎下靠著不同的風土條件，重塑出了屬於這裡獨一無二的滋味，這也才是臺味的精神。

AUTHOR

曾任聯合報美食資深記者十多年，擅長以簡單溫暖的文字，書寫食物背後的故事，這幾年專精於台菜與其身世的研究，著有《臺味：從番薯糜到紅蟳米糕》、《啊，這味道：深入馬來西亞市井巷弄，嚐一口有情有味的華人小吃》。

XU, ZHONG

TALK

03

飲食文化研究者

徐仲

我想談談台灣醬油

每回說到「台味」，我就想談談台灣醬油。或許是在我的眼中，台灣醬油太有特色了，這是建構台灣餐桌的基礎味道。所呈現出的「台味」，不僅僅是口舌之間的愉悅和歸屬感，還能代表台灣的「風土感」。因爲所以，這麼兼具深度和廣度的話題，說起「台味」時，怎能夠不提？

譬如一群人聊到台灣的爌肉飯，通常的形容語，不外乎強調皮有彈性、脂有化境、肉味自成一韻，然而若要讓話題有印象性，我往往會以言語引導回想，咬下爌肉後，在一呼一吸之際，自舌尖流竄於鼻頭的醬味有多迷人。若帶點發散的鹹甘感，我會猜是黃豆和小麥爲原料的醬油，可能是台灣北部的爌肉飯。若是有著蔭陳的香甜味，我會猜是黑豆爲原料的醬油，可能是台灣中南部的爌肉飯。諸如此類，在筷起箸落時，以台灣醬油爲主軸的話題，肯定讓氣氛熱絡活躍。進一步談聊，還可以透過醬油的醬色、醬香和醬味，介紹各地的飲食習慣。譬如屏東高樹鄉的客家族群，做小封肉時，都指名使用金味王醬油，因爲這款醬油的醬色獲得當地的共識感；譬如談起醬油的香氣，烹煮宜蘭的菜餚，一定要用宜蘭在地釀造的醬油，因爲此地醬油的釀製時間只有兩個月，醬味不同於其他縣市；譬如說起醬油的鹹甜滋味，烹煮台南式的食物時，醬油要挑滋味偏甜的品牌，若是烹煮客家式菜餚，醬油則要選擇偏鹹的品牌。假使聊天的氛圍需要有點知性感，那就談談台灣醬油和在地物產的關聯，以黑豆醬油爲例，在地的品種有四款，多數醬油廠採用黃仁的台南五號黑豆，少數醬廠採用青仁的台南三號黑豆，而在屏東的家庭醬廠，則愛用顆粒較小的滿州黑豆，宜蘭許多家庭式醬廠偏好宜蘭老豆，如此如是，不同的黑豆品種，釀出的醬油自有在地味。

若要讓話題多點學術感，那就談釀醬油需要的「麴菌」、「酵母菌」、「乳酸菌」，然後說明釀醬油就是控制微生物的生長技術，因此關鍵在於日照溫差，譬如北迴歸線附近或以南，日照較長，釀醬油時習慣採用「乾式發酵法」和「濕式發酵法」，而日照較短的北部地區，譬如宜蘭等地，則多用「鹽水發酵法」，這也是醬油的「風土感」。於是所以，醬味即鄉味，談起「台味」，怎能不談「台灣醬油」？

AUTHOR

第一位在義大利取得慢食碩士的台灣人，這二十年都在食材與餐飲業走跳，是業內人士口中最懂台灣食材者。義、台兩大飲食文化是其關注的重心，曾獲義大利政府頒佈騎士勳章。

DESMOND CHANG

TALK

04

飲食觀察家

張聰

找出食材的獨特性，搶下薑、筍、土雞、黑豬的世界詮釋權

我是香港人，去過世界許多地方，在我來看，台灣味可分爲狹義跟廣義兩種。狹義的台灣味是關起門來談，講的是過去70年在這塊土地上的生活記憶，歷史短，還沒有深層沈澱，多是味道上的共鳴與記憶的甜蜜點。

廣義的台灣味指的是：世界應該如何看待台灣？台灣味在世界的角色是什麼？就像台灣小吃很好，但蚵仔煎這些對台灣人有意義的食物外國人是不容易吃懂的，或即使吃到也不會獲得相同的共感。台灣的移民歷史，包容的接受了日本、中國各地口味，很多習慣或喜歡的味道，都是在別的地方有且已經做的很好，台灣不容易拿到話語權，就像廣東菜的鮮味來源是雞湯，但卻沒什麼好抒發，因全中國很多地方都是如此。

要講廣義台灣味，就要找出這塊土地「獨有的」，依我自己的觀察，夏天的嫩薑、其他季節的中薑等，台灣薑的品質很好且有特色，全世界有哪個地方一年四季都可以吃到那麼好品質的薑？竹筍也是，即便是浙江安吉，也以春筍、冬筍爲多，台灣因地形關係，一年365天都可以吃到鮮美的竹筍。另外土雞跟黑豬肉的味道也很有競爭力，尤其台灣土雞，品種多、味道好，物美價廉，阿嬤、阿姨們都比餐廳裡的廚師們更知道如何選擇與烹調，民間有深遠的土雞文化。

想想日本一個大根就可以玩出這麼多變化，從庶民的oden（關東煮）到高級的懷石料理，從品種、刀工、烹調技法全都可以談，台灣的薑、筍、土雞、黑豬肉怎麼不可以？把這些食材放到世界上PK不會輸的，土雞的風味、嫩感、味道濃郁度在全世界都具獨特性，不用去模仿國外，而是找出適合的烹調技法處理這些食材，把味道做到極致。像我吃過嵐舒（編註：亞洲最佳女主廚陳嵐舒，張聰之妻）以廣東菜技法烹調貴妃雞、鹽焗雞，也用過以台灣土雞的小母雞製作法式烤雞，全都非常美味。土雞特有的香氣與鐵質風味，提昇了菜餚的高度，也說明了台灣土雞可以PK國際的品質。

牛肉麵、蚵仔煎、潤餅皆非台灣獨有，而是這幾十年來台灣人生活的情感記憶。放眼看當代台灣的精品料理常把夜市小吃拿來重新詮釋，那僅是短暫的自我快感而沒有深層的文化意義。期待未來不只看到台灣人的台灣味，也能看到台灣對國際社會貢獻到的獨有食材資源和文化演繹。台灣絕對可以爲「世界的台灣味」做得更多更好。

口述／張聰　文字整理／馮忠恬

AUTHOR

出身瓷器世家，熱愛研究美食、文化、歷史、地理與餐盤美學間的關係，多年來行走各國餐廳，並在2012年創辦如意宴，嘗試中餐國際化的各種可能。現為雅家時尚貿易有限公司董事長、LEGLE FRANCE（法國麗固）品牌合夥人。

WILMA KU

TALK

05

食材專家

顧瑋

有底氣的台茶風味

生在台灣，茶與我們太靠近了，日日不離茶，卻鮮少敢說自己愛茶懂茶，這是一種怎麼樣的情怯，我總常常感覺微妙。

第一次感覺茶葉是個太驚人的風味作物，是在去年採訪坪林包種茶製作的某一晚。第三代的年輕茶人說，吃飽晚飯再來，這是個一整晚的活，而當我一踏入製茶廠的冷氣房，一瞬間錯覺我人在花房，滿室的白花香。在已經學習包種茶是種高香型特色茶的當時，卻仍然被這臨場的氣味所震攝，我記得當下心裡只OS道：「光就葉子本人居然是可以這麼香的嗎？」不似葡萄酒需要釀造，不似咖啡需要烘焙，不似可可需要微生物發酵，茶，作爲風味物產的一員，光就葉子失水這個過程就可以釋放出這麼張揚的香氣，實在太犯規了！

然而這只是剛開始，隨著時間，卻又不是數著時間，茶人是用鼻子在做茶。在足以令嗅覺疲乏的高強度氣味環境之下，感覺著香氣的變化，決定著當下要怎麼動作。從靜置，用手輕輕撥動，搖動竹篩歷翻著茶，再放進浪菁滾筒，不過數個小時之內，經歷著從青草，白花香，水梨，蜜桃，芬芳的遞嬗。我一邊驚奇地貪婪地嗅聞著新發展出的氣味，一邊惋惜著上一段氣味的消逝，氣味的生命旅程，不可逆，而茶人的自慢，就在於選擇自己認定最精彩且最可以反映茶特色的那一段，藉由殺菁與乾燥，固定且保留下它。

葉子失水，兒茶素氧化催化的一連串香氣發展的過程，我們一般稱之爲茶的發酵。從未發酵的綠茶，部分發酵烏龍茶，到完全發酵的紅茶，發酵生命的每一個當下，集合構成了茶的風味光譜，而放眼全世界，大概也只有台灣跟中國，最能完整理解並詮釋其間的奧妙。

北自新北石門，南至屏東滿洲，台灣幾乎哪裡都有茶，且哪裡的茶都不一樣。海拔高的講究香清與山頭氣，海拔低的透過加重發酵轉化出熟甜的味。有土生土長了幾百年的原生山茶，也有一代交棒給一代耗費數十載育成的台茶新品種；從風土、品種、時節、到製程，每一個環節都關乎風味，每個地域的特色茶都風格明確，台灣實實在在是茶的國度，十足的底氣。

AUTHOR

手工果醬品牌「在欉紅」創辦人，近10年都在研究食材與食材加工的路上，認為安心且美味的糧食，必得出於乾淨的水土，成立「土生土長」食材小舖、COFE喫茶咖啡、《米通信》，持續以產品與內容，實踐對土地的關心。

2018年秋季的菜單設計，RAW收集了員工心目中的台灣味，以家中賣茶葉蛋員工的經歷，創作出這道連結生長故事與台灣土地的風味料理。

Chapter
Taiwan Flavor 4
Fine Dining

米其林裡的台灣味

在台灣，Fine Dining（精緻餐飲）是尋找、論述台灣味最積極的一個場域，
從2014年江振誠主廚舉辦了「台灣味論壇」後，討論、實踐方興未艾。
作為台灣餐飲面向全世界的重要窗口（尤其2018年台北《米其林指南》發佈後），
主廚們必須要有跨國語彙及對自身創作的清楚定義，才得以說服全世界。

關於台灣的味道，主廚們怎麼看？
曾被《時代》雜誌譽為「印度洋上最偉大的廚師」江振誠，
在2014年自掏腰包策劃一場史無前例的「台灣味論壇」後，
又是如何詮釋這6年來的變化？

企劃編輯／馮忠恬
企劃撰文／李宛儒 Gladys Lee（自由媒體人、節目主持人、前電視台新聞主播）
照片／RAW、Taïrroir、MUME、logy、L' arome提供

Interview

江振誠專訪

> “我記得2014年台灣味論壇，我先帶現場聽眾從google搜尋台灣，因爲某種程度，那就是世界公民看台灣的窗戶，當時搜尋結果五花八門，從女王頭到夜市、天燈都有，但怎麼說呢？總覺得少了什麼指標性的事物。”

Q 當年提出「台灣味」一詞的緣由？

A 2014年我人還在新加坡，但是在台灣開餐廳的計畫逐漸成型，餐廳正式開幕之前，我先自費籌辦一場「台灣味論壇」，初衷是想透過這個論壇，尋找有意義的對話，而不是找出一個結果。

一開始根本沒有人知道台灣味是什麼？我們該怎麼談？到底台灣的形體是什麼？味道是什麼？我希望讓所有人開始產生問題，什麼是台灣味？爲什麼我們從來沒有想過這個問題？有對話後，接下來才會知道怎麼做？朝什麼方向進行？現在回顧當年舉辦台灣味論壇是對的，因爲總是得先產生很多問題，才會有後續的討論。

當時找來的講者，除了是我的好朋友之外，也是每一個領域的意見領袖，更是國際級的台灣人，他們從不同的領域、各種角度來談台灣味，是從「外面」談進來。我記得我開場的演講，先帶現場聽眾從google搜尋台灣，因爲某種程度，那就是世界公民看台灣的窗戶，當時搜尋結果五花八門，從女王頭到夜市，到天燈都有，怎麼說呢？總覺得少了什麼指標性的事物。

其實我們說台灣「味」，不是只有在說「氣味」，我們說「一個人很有味道」，不一定是具體的味道或氣味，不一定是味覺的味道，可以是很有風範、很有氣息，「也可以是他的行爲很台灣」。所以我其實很驚訝，當初台灣味論壇是我想提出一個問題意識讓大家討論，這一件事情只是一個起點，沒想到直到現在，我都還經常聽到大家提起那一場論壇。

論壇過後，大家開始有很多問號，「對啊，爲什麼我們之前沒有想過台灣味？」然後，論壇結束之後，RAW的誕生就好像突然回答了大家在論壇上的問題，所以是在經過幾個月之後，默默地好像可以看見一個答案，所以「台灣味從原先沒被想過的抽象，很快速地就被理解。」

Q 主廚心目中台灣味具體代表的意義是？

A 我一直很想要強調，「台灣味」除了可以是一個行爲、習慣、顏色、形體，它也可以是一個「進行式」！我們常常把台灣味看成過去式，在 RAW 之前也是一直被看成過去式，卻沒有被當成現在式、未來式，台灣味不是只有去找古早味，做成「老菜新吃」，它應該是「現在是被這樣子界定的，也許不是用台灣傳統的做法，也不是使用台灣在地食材，甚至跟台灣歷史沒有關係，可是因爲我們越來越國際化，我們是世界人，所以要去想，是什麼東西把我們連結在一起，那個才是台灣味。」也就是說，每一個主廚、每個人都有A到Z，但是我們要能想出怎麼組合？那才是我們的台灣味，即使我們跟其他國家主廚都有同樣的字母，我們拼法還是不一樣，那就是屬於我們的東西。

Q 回顧這幾年，國內談論台灣味方興未艾，除了在地食材、尋找老味道、台灣在地認同等概念之外，主廚會如何評價（評論）台灣精緻餐飲產業這幾年的變化？

A 過去五年，我們看到台灣味從零到一，這很不容易，接下來，我們要怎麼從一進入到下一個階段？這是更困難的。（主廚對於下一個階段的想像是什麼？）五年前，市場不知道台灣味是什麼？現在無論是食材或者味道，都變成有價值了。我發現，現在光顧台灣不少餐廳，他們都會告訴消費者食材從哪裡來？「這是來自屏東的豬，這是宜蘭的蔥，現在這句話說出來是有價值的，不再只強調高級或者進口食材！」這就是我說的從零到一，但是，我們的下一步得更國際化，不能只停留在說在地食材的階段，因爲你會觀察到，這一路會被走窄，難道一定要用台灣的食材才是台灣味？我們必須要往下一個階段，尋找身份認同要多一點，因爲這是一個形態，一個行爲，不是使用台灣自產食材就叫做台灣味。當他是一個行為或態度的時候，所有人都會懂，全世界的人就會理解，例如新加坡當地說的英文，即使融合了方言、語彙和背景，還是為人所理解。

對我來說，RAW 餐廳剛開始要去「定義」台灣味這件事情，那個階段是最重要的，現在對我來說，「定義」的階段已經過了，我現在最欣慰的，是讓年輕一輩覺得，我們做這件事情是有價值的，這就是最大的成就，餐飲業工作變得比以前更有價值了。

Q RAW團隊每一季的菜單，如何貫徹台灣味？

A 我們餐廳每一季都在使用不同的觀點看台灣味，所以才可以有這麼多不同的話題，每一季都是很截然不同的主題，可以用很多不同的方式理解它，因為永遠沒有同一種答案。例如這一季我們用現在式來想台灣味，這一次用台灣食材西方做法，下一次用西方食材東方做法。我們試著以各種不同面向看事情，還有什麼面向是我們還沒想到的？意思就是說，我們不斷試著突破，不讓自己越走越窄。

台灣味論壇

2014年由江振誠策展，邀請設計師聶永真、舞蹈家許芳宜、飲食生活美學家葉怡蘭、創業家朱平、食材專家顧瑋與種籽設計淦克萍六位頂尖專家，分別以「台灣的顏色」、「台灣的滋味」與「台灣的時間」為主題發表演講與對話，透過多方角度，思考「台灣味」議題。

Q 團隊是如何討論出菜單的？

A 我就像出一份考卷，裡面有題目也有答案，我都讓這些題目是很多很多的填充題，他們（黃以倫主廚和廚房團隊）必須自己去找填充題的答案。（您會有標準答案嗎？）會有，但是我可以接受不同的答案，那會是「標準答案」跟「比標準答案更好的答案」，這些問題都不是計算題，你知道，如果是出計算題，那就只有一種答案，可是我會設很多的填充題，只要有比標準答案更好的，我們就會採用。

例如，有一季我們希望把菜單的主題再細緻化，所以我們去搜集廚房員工們心中的台灣味，就是集思廣益。因為雖然都在台灣土生土長，但是來自不同城鎮的人，對於味道的認知是不一樣的。那時我們有一個員工家在賣茶葉蛋，就做出一個「鵪鶉蛋」的茶葉蛋，最後會被採用，不是因為他用了鵪鶉蛋做茶葉蛋，而是這連結了他的生長歷程，成為一個故事，就比原本的標準答案更豐富、更有層次。

Q 對於後輩主廚們的建議？

A 我最近在看一本書，提到這樣的概念：很多傑出的建築師之所以有很傑出的創作，是因為他們就是生活在這樣的環境裡面，意思是「創作」是建立在生活經歷和連結生活的方式和態度，並不一定需要是具體的，而是要試著融入情境。當你每天實踐這些，你就是一個行走在國與國之間的台灣人，能夠接觸不同的語言、故事、歷史的台灣人，必須在這個狀態下才能有傑出的創作。因此我創造 RAW 這個平台，讓年輕人能跟各個不同國家的人一起工作，或許沒辦法真的環遊世界，但是他們能在這裡體驗，並和各種文化切磋交流。

從2014年到2020年
台灣西式Fine Dining主廚系譜

本土學院派

台灣味包含自幼關於家鄉的味覺記憶、地方風土，以及遊歷外國餐飲工作場域的綜合學習。

代表人物
RAW餐廳主廚黃以倫 Alain Huang
Taïrroir餐廳主廚何順凱 Kai Ho

亞裔洋派

留有亞洲血液，卻因為成長背景多元，料理風格更國際化，亞裔洋派主廚追尋的台灣味有著顯著的混血基因，像是台中的JL studio餐廳主廚林恬耀是土生土長新加坡人，畢業之後，待最久的廚房，是日前已歇業的台中樂沐餐廳，跟著陳嵐舒主廚工作，一路升到副主廚位置，而後選擇自行創業。在台灣出生、美國長大的主廚李皞端出新美式料理，風格大膽奔放。還有以LONGTAIL餐廳拿下米其林一星的主廚林明健來自香港，待過巴黎、紐約、上海等星級餐廳。

代表人物
MUME餐廳主廚林泉 Richie Lin
LONGTAIL餐廳主廚林明健 Ming Kin Lam
IMPROMPTU by Paul Lee 餐廳主廚李皞 Paul Lee
JL Studio餐廳主廚 林恬耀 Jimmy Lim

日籍主廚

台灣 fine dining餐廳的日籍主廚，包含祥雲龍吟料理長稗田良平以及logy餐廳主廚田原諒悟，前者從日本來台五年多，後者超過一年，兩人不約而同走上相仿道路：四處探尋台灣好食材，走訪產地是休假的「小旅行」！他們沒有在台灣成長的經驗歷程，甚至抵達台灣之前，對於這裡的食材風味一概不知，然而「日本職人精神」是內建的DNA，促使兩人比誰都還用心，放大自己的五官五感，在台灣吃到的每一道料理，在台灣聽到的每一種聲音，在台灣聞到的每一次氣味，都成為素材。日籍主廚的台灣味，不在於探尋身份認同或者追求國際連結，他們也不侷限比較台日差異，而是自在奔放地將自己在台灣土地上的見聞，以精湛廚藝表達他們的學習，回歸地方采風和料理本質。

代表人物
祥雲龍吟料理長稗田良平 Ryohei Heida
logy餐廳主廚田原諒悟 Ryogo Tahara

他們是這時候開幕的！

2014年
RAW
祥雲龍吟
MUME

2015年
Ephernité
Gēn Creative
AKAME

2016年
Taïrroir
ChouChou
JL Studio

2017年
Longtail
鹽之華（新址重新開幕）

2018年
logy
Impromptu by Paul Lee
Sinasera 24

2020年
EMBERS

｜備註｜

除了上述三種類型外，歷經多年，台灣西式Fine Dining已孕育出沃土，開始有無出國經驗的主廚，憑藉著學習與才華做出令人激賞的餐點，例如2020年開幕的EMBERS，期待這份主廚系譜繼續開枝散葉。

本土
學院派

RAW 餐廳主廚

黃以倫

例如「玉米」這個食材，在墨西哥常使用，或者日本也會用，但如果在RAW，我會思考台灣的味道，可能想到的是「燒番麥」，就是夜市或者路邊那種炭烤玉米的香氣。

從法國料理發展出的fine dining概念，傳播到世界各個角落，適應各地飲食文化、種植風土、料理手法之後，形塑出富有全球觀點的在地飲食特色，現代名廚於此誕生，他們成爲「料理的轉譯者」，甚至根基於對自家鄉土的認識，成爲「味道的倡議者」。

這是一群主要由七年級生主廚共譜精采的飲食滋味，多數擁有正統餐飲訓練，並且經歷國際星級廚房

本土
學院派

Taïrroir 態芮餐廳主廚

何順凱

我的台灣味希望可以勾起用餐者或者清晰，或者模糊的關於過去飲食記憶的共鳴，甚至激起漣漪，但擺盤或味道組合是經過重新設計，不變的是，只要一吃就會知道是哪一道台灣料理。

亞裔洋派

MUME餐廳主廚

林泉

如果你問我，什麼是「台灣味」？我會說，最根本的就是在地食材的原味，因為原味取向，率直真淳，並以食材為核心，形式簡樸。

工作洗禮，世界兜轉一圈後，台籍主廚返台貢獻或者外籍主廚抵台獻藝，他們熱衷fine dining工作，台灣味被看見而後放大，成為國內餐飲文化與國際接軌的餐桌語彙。我們探究這一波崛起的主廚們，便以系統地大略分以三大體系，包含「本土學院派」、「亞裔洋派」、「日籍主廚」，他們詮釋台灣味，各有不同脈絡、認知或見解。

日籍主廚

logy餐廳主廚

田原諒悟

我常在想，我要從台灣發出什麼訊息？或說我這個日本人來台灣能做什麼，一起創造些什麼？我們都是亞洲人，不要分日本和台灣，而是從整個亞洲的觀點，來製作亞洲的菜色。

本土
學院派

RAW × 黃以倫

“ 在 RAW 設計菜單和呈現菜式的時候，
我們不斷思考的是如何解構味道組合，
並且形成「風味DNA」。 ”

PROFILE

71年次，畢業於高雄餐旅大學，擁有西餐和烘焙雙學位，畢業後投入餐飲工作，歷經Justine's Signatures, Simple Table Alleno Yannick(S.T.A.Y)工作訓練，三十歲自覺準備好出國進修，先後至瑞典Restaurang Jonas、挪威Maaemo、法國Domaine Les Crayères 餐廳實習和工作。2014年接受主廚江振誠邀請，加入RAW開幕團隊擔任主廚。2016年至今RAW連年獲選亞洲五十最佳餐廳，2018年獲評台北米其林指南一星，2019年獲評台北米其林指南二星。

Q RAW如何詮釋和定義餐廳的料理特色？

A 在RAW設計菜單和呈現菜式，我們不斷思考的是「風味DNA」。舉個例子，如果想連結經典菜「客家小炒」，那麼會先解構味道組合，這是一道有豆香、肉香、醬香的菜，接著進一步思考，能用什麼食材呈現這些元素組合？最後端出一道RAW版本的料理。台灣味不只講「味道」，我們在談的，也不只是跟這片土地的歷史、故事、地方風味、飲食記憶有關係，還不能忘記以國際角度、世界高度思考這件事。

江振誠主廚經常強調，我們不只使用台灣食材、亞洲食材，也用全球進口的食材。北歐料理會讓人自動歸納一些特色，例如強調在地採集、發酵保存、使用相對生冷食材，我們說這是北歐（或者從丹麥發跡）的料理特性，那就是他們適應環境所發展出來的生存法則，也就是說，料理特色是要能反映當地「文化背景」和「生活方式」。回到RAW餐廳，我們也是用這樣的概念發想，例如「玉米」這個食材，在墨西哥也常使用，或者日本也會用，但如果在RAW，我們會思考自己的味道，可能想到的是「燒番麥」，就是夜市或者路邊那種炭烤玉米的香氣，如何才能在我們餐廳呈現出台灣的味道和感覺？不只食材、手法，還要帶入記憶！

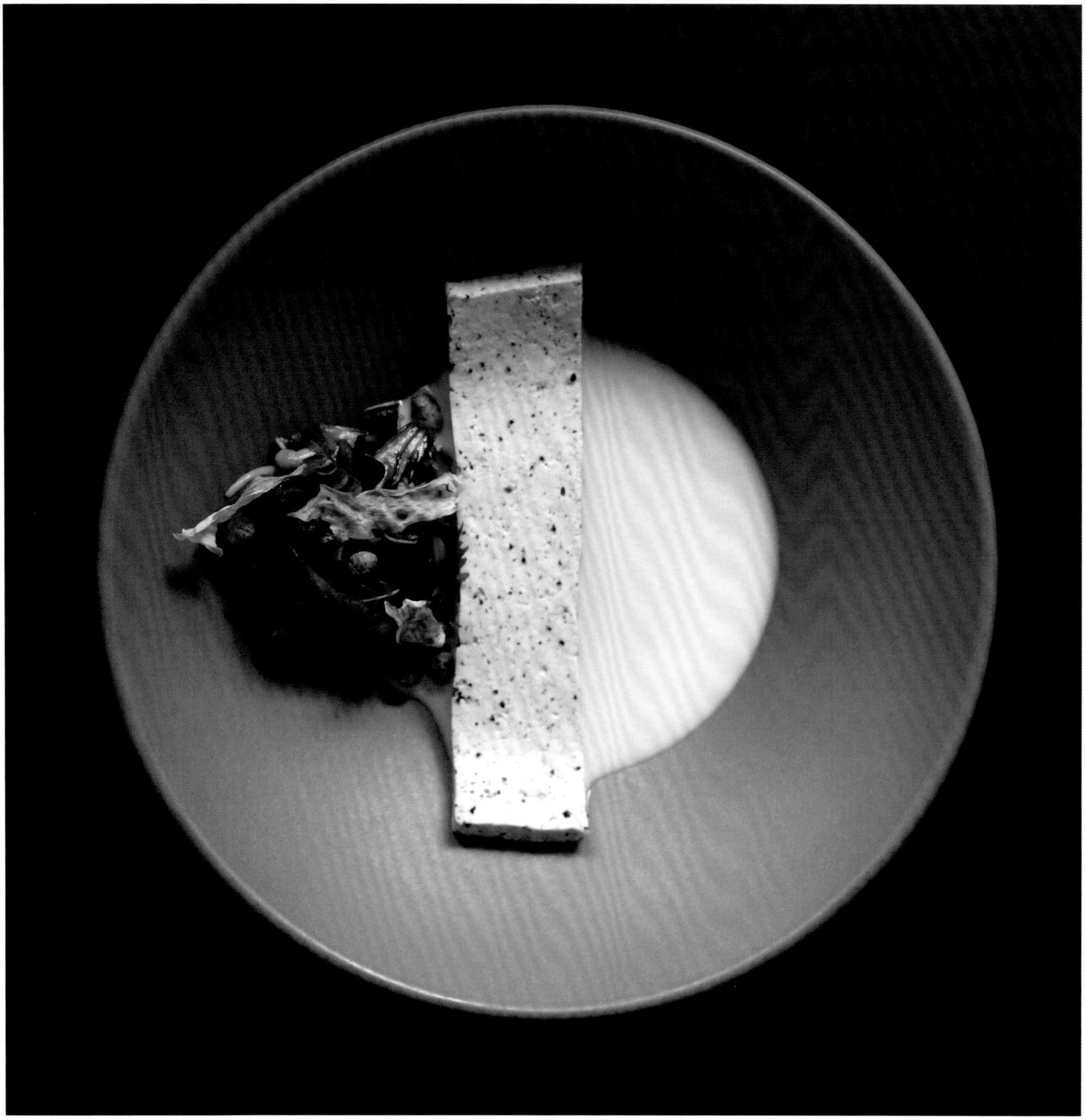

經典
菜色

豆腐 舞菇 黑松露（2018 秋）

黃豆製品是台灣飲食文化裡的重要靈魂，RAW 選用台灣在地種植的自然有機黃豆，從製作豆汁到製成豆腐，全部在餐廳廚房完成，成為 RAW 版手工豆腐。在過程裡加入剛出土的黑松露，製作法式風情在深秋時節品嚐的「松露豆腐」，豆清作為上桌後淋入盤中的醬汁，食材零浪費的概念彰顯無疑，希望傳達給客人關於製豆工藝結合台灣味的料理風味。

Q 如果客人沒有辦法感受您想表達的記憶，會是一種困擾嗎？

A 我們餐廳有非常多國際客人，大家背景不一樣沒關係，因爲最根本的，餐廳端出來的菜都是經過反覆確認，口味好吃的料理，所以即便當初設定，我們自己知道含有台灣元素和食物記憶，但即便沒有共同文化背景，也是一盤好吃的菜。

Q 從什麼階段開始關注「台灣味」這件事？

A 2013年底，江主廚第一次邀請我參與他即將在台灣開餐廳的計劃，一開始，我直覺的想他應該是要開一間法國料理餐廳，但是通話過程，江主廚跟我解釋他的概念和想法，提到我們將會使用台灣食材，做出台灣自己的味道，幾次溝通之後，我理解江主廚的意思，覺得非常有前瞻性，確實，台灣的食材、台灣的調味跟國外是不一樣的，甚至我想到當時全世界關注的北歐料理，那一股風潮是關於全球化的反動、在地化的行動，所以我答應加入團隊。

一直到2014年底，江主廚舉辦「台灣味論壇」，我印象最深刻的是舞者許芳宜所說：「我不知道什麼是台灣味，但我知道我站出來，就是台灣味。」我認爲主廚做的料理就是反映他自己個人背景、學習歷程以及累積的經驗，所以我的料理也是在這個脈絡和概念之上。我從學生時期就是學西餐和烘焙，畢業之後，先是跟著Chef Justine（編註：新加坡前總理李光耀的御廚郭文秀）學習，後來到法國、瑞典工作實習，所以我的訓練過程會很自然的結合這些不同元素、經驗、技法，加上我是台灣人，所以我做的就是台灣味道元素的重組和發展。

Q 能不能跟我們分享您在RAW學習最多的事？

A 我待了不同餐廳，也在不同國家工作過，一直到現在，我最佩服江主廚的是他教導我們身爲主廚和經營者的角色轉換，除了技術層面之外，包含個人品牌、抽象又具體的鋪陳菜單、連結台灣味道和身份認同，當然也包含餐廳營運面的事情。

Q 請幫我們舉一樣食材爲例，是能貫穿中西料理的？

A 「紅蔥頭」是很經典的例子。法國也有紅蔥頭，但是個頭比較大而細長，通常切成極細小，吃它的甜味，可以搭配紅蘿蔔做成基底醬汁，用在牛肉或者海鮮都很適合，餐廳曾在2019夏季菜單的魚肉料理就使用法國紅蔥頭，那麼說到「紅蔥頭」，對台灣人來說也非常熟悉，經常作爲湯底或者爆香用，屬於辛香料，有時候我們熬湯會用到，或者我在料理上最後點入的蔥油就有這個成分，只要一上桌，台灣客人通常會非常有熟悉感。

“ 法國進口紅蔥頭（左前）個頭大而長，切成碎丁，吃的是甜味；
台灣本產紅蔥頭（右前），屬於辛香料，品的多是香氣。 ”

本土
學院派

Taïrroir × 何順凱

—

“ 到底該怎麼說「我做的是什麼菜呢？」我是做台灣菜？台灣味？法國菜？
這是我經常有的疑問，因為都是、也都不是，
我就是做「我的菜」，我是台灣人，我做的就是台灣菜！ ”

PROFILE

73年次，畢業於明道管理學院餐旅系，在美國、中國、新加坡等地工作過，曾任職於米其林三星Guy Savoy 新加坡分店、二星JAAN等餐廳，前後在國外工作七年，2016年返台開業，擔任餐廳 Taïrroir 主廚至今，2018年獲評台北米其林指南一星，2019年獲評台北米其林指南二星。

Q 在陌生人面前你會如何自我介紹？

A 我會說你猜（俏皮笑），人家通常會猜我做工程或者業務，我最後都會誠實說我開餐廳，我是廚師，然後他們就會問「餐廳在哪裡？」、「是賣什麼（菜）的？」這時候我經常不知道怎麼接下去，就請他們google看看，然後說餐廳是在美麗華旁邊，有機會可以來用餐。

Q 什麼時候立定志向成為主廚？

A 大學時候我經常想「未來我要怎麼做這些事？」這些事指的是「想像自己未來的樣子？」我是明道管理學院餐旅系畢業，在高中階段參加各大中餐廚藝比賽，成為國家選手，後來在大學階段修了西餐課，當年啟蒙我的老師分享自己到法國Paul Bocuse廚房工作的經驗，「法國餐廳運作的模式，內場對於料理的專注、速度、效率，我覺得太帥了，第一個念頭立刻反省，那為什麼中餐會這樣？」可能當時的想法是一顆種子深埋心底，但我知道自己還不夠資格談任何改變，甚至自己還不夠資源做任何調整，更遑論自己的見識還不夠，連正統法餐廳該長什麼樣子？我都不知道。

於是，我把自己丟向全然陌生的環境，決定出國歷練。

Q 關於「台灣味」的困惑？

A 這是打從我開始做菜就一直思考的問題，我覺得好廚師不見得要科班出身，往後的經歷才是重點。我做的菜就是我的、台灣的味道，但是能不能跟消費者產生共鳴

經典菜色

玉凡不俗

（2019 冬）

交錯運用「老、中、青」三代蘿蔔，靈感來自於客家湯款的「老菜脯燉雞湯」，主廚醉心於時令食材，在冬季能夠取得的蘿蔔，鮮味明顯，因此運用新鮮蘿蔔、蘿蔔乾、陳年老菜脯油的風味，淋上自製排骨燉湯，再加入紹興酒萃取提味，以中式料理常見的盤飾花樣「手雕牡丹花」為主視覺，一旁擺上紅蘿蔔雕蝴蝶，呈現主廚何順凱經常說的：「每個人心中都有自己的蝴蝶。」那代表「心之所嚮」，人生是自己選擇的，只要不害怕，追隨你的熱情所在。

與連結？很多時候可能沒有辦法完全合胃口，但至少做出我的風格。不過今年會有一些改變，我不想「再複雜下去了」，好像餐廳每換一次菜單都想驚艷四座，「這個加這個再加這個」，我今年不想要再有這麼多味道，簡單就好，是我2020年的目標。

Q Taïrroir開業三年多，能不能跟我們分享下一步要做的事？

A 我要去做中菜了，說不定把Taïrroir改成中菜餐廳！我準備要給大學時期的自己一個交代了，我剛剛說大學的時候曾經想過「爲什麼中餐會這樣？」現在的我，要回到自己最原始的想像，把中菜（中餐）做出不一樣的面貌，最主要是中餐人才斷層太嚴重了，我們這一代要負點責任啦。中餐的環境要改變、體系要改變、外型也要改變，所以，這是我減肥的主要原因啊，我接下來兩個月還要瘦七公斤！中餐師傅也要帥啊！中餐不像西餐放入很多現代化科技元素輔助廚藝，你有沒有聽過中餐說「傳功不傳火」、「只可意會不可言傳」，因爲他的各種變因都導致小廚學習困難，加上練習又不夠，知識深遠卻缺乏系統化整理，導致傳承困難，你看《Larousse Gastronomique》那本書（編註：1938年出版的法國美食百科大全），我們有沒有辦法一起來寫一本中餐這樣的書？

Q 餐飲工作對何主廚的意義？

A 如果我是爲了工作，那是一份「職業」，如果我走上擴店、展店一條路，那這是一份「事業」，如果我不計收入、成敗、輿論、辛苦，那這是一份「志業」。任何的創新是理論和實踐的結合，我在出國學習之後更認識自己，我知道我要做一份志業，當初內心對於中餐的問號，在這一路上一直在找答案，我進入西餐領域走一圈，現在覺得自己應該做點什麼了，我知道接下來排山倒海的批評，也許更多關於台灣味道的困惑？也許會被說四不像？中餐還是台菜？我知道會有很多問號，但這是我要做的事情，我會思考我可以怎麼切入。

亞裔洋派

MUME × 林泉

—

“ 半路出家學習廚藝，而後一頭栽入自小就熱愛的餐飲業。在意食物的本質、原味以及主廚的社會責任。 ”

PROFILE

69年次，來自印尼華僑家庭，在印尼出生，落腳香港，中學時期隨家人移民加拿大，並在當地完成大學學位，從事行銷公關工作，卻因為熱愛餐飲，26歲那年轉赴澳洲藍帶廚藝學校進修，而後申請進入不同餐廳實習，經驗包含澳洲Quay、丹麥Noma等餐廳。2014年入駐台北，開設MUME餐廳，以新派料理風格融合台灣在地食材，自2017年起，MUME進入亞洲五十大餐廳榜單，2018年、2019年榮獲台北米其林指南一星。

Q 如何定位自己的菜？

A MUME設計的菜單，希望傳達給客人一個概念，在這裡吃飯，將會品嘗到以台灣在地食材爲基礎的新北歐派精緻餐飲料理（Local Oriented Modern European），來到餐廳用餐，可以感受相對輕鬆的fine dining氣氛，我們特別在意使用本地食材，同時兼具永續性，以這樣的概念向全世界客人展示料理特色。

Q 什麼時候開始立定志向成為主廚？

A 如果跟一般科班出身的主廚相比，我算是很晚才投入業界。我在26歲左右轉行，到澳洲念餐飲學校。不過，對於美食的喜好從小耳濡目染，因家族長輩都懂得吃、也愛吃。餐飲學校畢業之後，我申請到不同餐廳實習工作，曾經在澳洲Quay餐廳，以及到丹麥的NOMA餐廳，這兩間餐廳的主廚Peter Gilmore以及Rene Redzepi是我最景仰的兩位前輩，對於能夠跟兩人一起共事，我備感榮幸，最重要的是，我在兩人身上學習到身爲主廚以及餐廳經營者應該重視和承擔的責任，NOMA餐廳無疑是當代最具影響力的餐廳之一，主廚不光口頭談改變，也身體力行。

Q 請跟我們分享您在國外工作以及在台灣經營餐廳的學習？

A 在不同國家工作的經歷都不

經典
菜色

和牛塔塔
Wagyu Tartare Tostada

（常備菜色）

以台灣原住民生產的紅藜麥取代玉米，做成拉丁美洲常見的小圓餅，上頭擺上澳洲和牛塔塔，不使用機器切肉而以人工手切，更能控制品質。外型精緻的和牛塔塔上桌時淋上蝦油和極能代表大海風味的蛤蠣美乃滋，最後放上低溫烹煮的蛋黃，入口滋味鮮軟脆，是餐廳開幕至今的經典菜。

相同，學習階段也不一樣，對我而言，我在外國餐廳工作時，都還是在學習階段，是替人打工、領份薪水，這樣的工作型態，當我來到台灣之後，我經營餐廳，身兼經營者和主廚，思考的事情以及做任何決策，變得特別關鍵，兩者各有優劣，我很喜歡我現在的狀態，我同時經營幾間不同型態的餐廳，但依然保有自己下廚的空間。

Q 過去五年，台灣餐飲界經常談論「台灣味」，對您來說會如何詮釋這個概念？

A 我們能夠談論「台灣味」，因爲這個主題相當多元且廣泛，當我們認爲這個議題越討論越狹隘的時候，我們重新檢視什麼是「食物本質」？「食物」是地方歷史、人物、地方風土、概念想法和主廚技藝的綜合體，如果你問我，什麼是「台灣味」？我會說，最根本的就是在地食材的原味，我很同意葉怡蘭老師所說，「台灣的滋味，是原味。」因爲原味取向，率直真淳，就是食材爲核心，形式簡樸。

Q 目前林主廚在台北經營餐廳之外，有沒有什麼下一步計畫可以跟我們分享？

A MMGH（湘樂餐飲集團）在2014年成立，目前我們擁有MUME、Baan Taipei、Le Blanc 以及即將開幕的Coast四家餐廳，跨足不同類型，下一步我的規劃是讓集團體系更健全，希望給員工更多的培訓和發展機會，以經營面來說，我持續尋找下一個可行的餐飲投資機會，經營更完善的事業體。

另一方面，我經常強調廚師的社會責任，我加入一個全球廚師共組的慈善事業，叫做「星星主廚挺農民（CHEF4FARMERS）」，並且擔任行銷長一職，組織的具體目標，就是連結世界名廚和餐廳，藉由設計特定菜單食譜，增加對於季節性農產品的需求，以實際行動支持農民。

日籍主廚

logy × 田原諒悟

—

“從原本對台灣的一無所知，到積極拜訪產地、小農，累積對在地食材與調料的掌握，以靈敏的味覺，精選台、日好食材。”

PROFILE

72年次，出生於日本北海道積丹半島，從小與海鮮為伍，從日本烹飪學校畢業後，深知自己對廚藝感興趣，努力工作存錢遠赴義大利深造，返回日本後，加入Florilege（編註：東京米其林二星）工作升到副主廚位置。2018年從東京到台北開設 logy餐廳，不到半年，拿下2019年台北米其林指南一星。

Q　logy 的料理特色或者餐廳的核心理念是什麼？

A　米其林指南把logy放在「亞洲當代」類別，我自己也會思考，我要從台灣發出什麼訊息？或說我這個日本人來到台灣能做什麼？我要和台灣同事分享什麼？或者一起創造什麼？當我在想這些事情的時候，台灣同事和我的共通點，就是我們都是亞洲人，也成爲我們分享的原動力。不要分日本和台灣，而是從整個亞洲的觀點，來製作亞洲的菜色，這是從開業到現在到未來也不會改變的，logy的核心概念。

Q　主廚走訪台灣各區域產地的觀察？

A　我的第一趟產地之旅，先從台北出發，往東、再南下，那趟旅行大約花了一星期。第二趟旅行同樣也是一星期，那次換成拜訪台灣西部和南部，對我來說，海鮮特別重要，我必須知道如何購買我要的海鮮？什麼樣的魚可以在什麼狀態下買到？以鮮度來說，採購臨海城鎮的產品可以拿到新鮮魚貨，但在不同海域，魚肉的味道可能不同，貝類的鮮味也會有變化，所以我必須到各地試吃，才決定要不要用，其他方面，像是各種肉類也是一樣的步驟，哪裡有好吃的牛肉、鴨肉、豬肉？

Q　如何判定什麼樣的食材可以使用台灣生產？或者得從日本進口？

A　我的菜單裡大約八成左右是海鮮類，套餐裡面有五、六道海鮮菜餚，確實用不少台灣貨，另外，因爲在這裡能採用活締、神經締屠宰的漁產有限，所以我並不拘泥在於魚貨是否採用神經締屠宰，就是盡力取得新鮮魚貨，在店裡每天仔細變換用紙和保存方法，以熟成技術提升魚鮮味。

經典菜色

茶碗蒸

（常態菜單）

以溫熱的蒸蛋為基底，綠色冰淇淋則以山當歸、芹菜根做成，搭配蟹肉沙拉與枸杞，上桌後淋上牛肉、乾鯱魚清湯，入口吃得到溫度的反差和碰撞，並且感受海鮮溫潤的鮮味以及和風、台味的飲食記憶，集田原諒悟主廚經驗之大成。

Q 選擇使用大量台灣在地食材的原因？

A 接觸各種食材後，我有一個心得：這些生產美味食材的生產者，很多人並不出名，原因是台灣市場對於深入了解「這肉是誰誰誰生產的」，所以美味」那種願意照合理的評價、售價銷售的市場和心情還不成熟，可是在我的餐廳，我是抱持著「辛苦生產的美味肉品和蔬果，那就讓我們買來使用吧！」的態度，只要是品質紮實的產品，就算價格高一點我們也買，買來細心烹調，提供讓顧客滿意的菜色。我希望這是一個正向循環，當這種用心的生產者人數變多之後，其他願意生產美味產品的生產者就會增加，他們會知道，生產美味產品可以賺取相對合理且值得的報酬。我們就從這些地方起步，一點一滴提供幫助，希望能改變台灣的生產市場。

Q 請跟我們分享您在日本、義大利、台灣的料理經驗？

A 我在設計菜色最重視的就是自己過去的經驗。可能是曾經吃過的菜餚、走過的地方、感受過的氣息、回憶中的氣味。過去到現在累積的經驗成爲我的靈感起點，例如，義大利料理的橄欖油換成台灣的麻油，粗粒小麥做出的麵條換成了米材料，這源自於食材差異，但單以技術層面來說，我將自己在義大利學習的經驗應用在台灣食材上，或者我之所以能以亞洲風味調製，都是運用到義大利留學的經驗，換句話說，還好我有這樣的累積，所以發覺台灣的烹飪和義大利有許多相似的地方，讓我在理解台灣的烹飪思想上學習更快速。

Q 主廚有任何不喜歡的食材或者食物嗎？

A 我有很多不愛吃的食物，但我還是會用在我的料理，因爲平時在吃討厭的食物時，我會想「我爲什麼不愛吃？別人爲什麼喜歡吃？」例如別人說喜歡香菜，我會思考別人是喜歡香菜的氣味？還是味道？當自己作菜時，也會一邊想「這道菜適合加香菜！」所以雖然我討厭，但還是用了（笑）。到台灣之後，我還沒辦法接受臭豆腐，在日本的話不喜歡納豆！

怎麼可以忘記甜點！

Taïrroir × 賴思瑩

PROFILE

75年次，出生於新加坡華人家庭，中學階段就讀Food & Nutrition學程，畢業後，再取得飯店管理學位，隨後進入飯店業務部門工作一年，還是忘不了自己對烘焙甜點的熱情，決定再回學校唸書，進入At-sunrice GlobalChef Academy取得甜點烘焙學位。2015年受到何順凱主廚邀請，第一次海外工作經驗就到台灣，擔任Taïrroir餐廳甜點主廚，餐廳於2018年獲得台北米其林指南一星，2019年榮獲台北米其林指南二星。

Q 從新加坡到台灣工作，「台灣味」對你來說是什麼？

A 還沒到台灣工作以前，我是以遊客的身份來台灣，經常喜歡逛夜市，來到台灣之後，跟餐廳同事聊天、討論，甚至google關於傳統甜點的介紹、故事、歷史，明白台灣味不只是夜市的味道，還有更深入的內涵，這也是我持續學習的部分，像是在Taïrroir餐廳做出來的第一道甜點，我當時稍微加入一點中式元素，畢竟還在摸索階段，後來我慢慢從主廚開的菜單，仔細觀察體會他想傳達的「台灣味」，從中找靈感。台灣味對我來說，是一種後天學習的味道，是一個「學習的過程」。

Q 在Taïrroir餐廳曾玩過各式老甜點新花招，例如，做出「椪餅」是一個怎麼樣的經驗？

A 其實新加坡華人也有吃椪餅，所以我對這道甜點不算陌生，不過做法和味道是有差異的，所以我們當初還跑一趟台南，請教一位老師傅，當時老師傅有跟我們說秘訣，要怎麼做成功率比較高，他也有說，做十個裡面一定會有一兩個「不乖」，所以不用追求每一個都成功，這就像是chef Kai經常跟員工說的"there is no perfection otherwise there is no improvement."有一點點沒做好的部分才有進步空間，所以當我們有挫折的時候（餅沒烤好）就會這樣鼓勵自己。

經典菜色

燒早豆晚

（2020春）

2020春季設計的全新甜點，從台灣傳統早餐「燒餅豆漿」概念發想，將甜燒酥皮加油皮的西式千層做法，切成小巧可愛的小圓餅，每一塊圓餅之中，填入豆漿口味發內餡，一旁的米漿冰淇淋不用花生基底，而是以榛果取代，並且降低甜度，還有芝麻脆餅增添口感。

L'arome × 韓婷婷

PROFILE

73年次，畢業於日本大阪辻製菓專門學校以及辻調理專門學校，過去任職餐廳包含 L'atelier de Joël Robuchon副主廚，累積完整的法式甜點經驗，遊走日、法兩大體系訓練，對於自己有非常高標準的要求，特別會運用時令食材作為靈感發想起點，運用食材特性，協調味道平衡，重新詮釋現代法式甜點。

Q 主廚進行甜點創作時，關於台灣味的反思？

A 對我而言，台灣味是這片土地和文化所共同造就，對味覺的共同記憶。在台灣這片土地生產的食材或是料理食物，只要大家吃到之後，能有共鳴或聯想，甚至立刻感受到這就是台灣獨特的味道，這便是台灣味。我不一定非要用「台灣味」來呈現我的甜點，也不想要強調自己創作的是「絕對法式」的餐點，但是，身爲一位廚師，能好好運用身旁隨手可得的好食材，其實是件很自然而然的事情，也是我在創作甜點時的思考點。

Q 請主廚跟我們分享您用於創作甜點的經典台灣食材？

A 因爲我自己最常思考的，就是如何搭配味道，我想分享的是什麼樣的台灣食材組合或者味道組合是我很喜歡的，包含「薑汁地瓜」、「鹹花生」還有「龍眼」。薑汁地瓜是因爲這眞的是台灣很經典的甜湯，街頭巷尾可能就有一台車，專門賣這碗熱湯，它是一個街景，也是小朋友下課、大人下班之後，一種熟悉的回憶。鹹花生也是台灣很經典的食物，鹹鹹甜甜是很標準的台灣味道，我自己的發想，是把它做成馬卡龍，意外中和了經常被台灣人覺得太甜的馬卡龍，很受歡迎。龍眼的話，因爲它特殊的柴燒煙燻味，我曾經用來做成迷你巧克力塔。

Q 哪一項食材是曾經想使用卻比較具有挑戰性的？

A 應該就是「柿子」了。我目前還在挑戰中，柿子雖然有一股特殊香甜風味，但是做成甜點之後，味道有點太溫和，很容易被其他風味搶走，目前我還在思考，應該怎麼處理或者搭配風味組合。

經典菜色

期待 EXPECT

（2020春）

小時候爸爸常煮酒釀湯圓給我們吃，酒釀是爸爸喜歡的味道和食材，我自己吃到也會有回到小時候的感覺。這道甜點的主要成分包含：酒釀、杭菊日本酒凍、柑橘。首先以酒釀發想的手工糖球，做出輕薄有如水晶球的外型，內餡填入檸檬優格慕斯、新鮮柑橘以及柑橘醬，其中果凍部分，以初霧吟釀、初霧燒酌和杭菊製成，旁邊搭配特選的米發甜酒釀做成的冰淇淋。食用時，輕敲糖球上方，所有元素搭配著一起食用，驚喜的口感，在嘴裡化開。

《好吃》觀點

與世界對話，大膽的台灣味提案

文／好吃研究室

印象很深，在採訪渡小月兆麟師、阿發師、健豪師時，有個問題是：「台菜國際化喊了這麼多年都沒有成效，有想過要推哪一道菜到世界上嗎？」阿發師說，這個問題問得好，不過三十年過去了，我們還是沒有結論。取得共識在我們國家竟是如此的難。

台灣的多元包容，是優點，但也替我們帶來了多年的難題。在歷經三個多月的採訪後，《好吃》希望能整理出幾個重點，如果下次遇到到外國朋友時，或許不再只有小吃或手搖飲，也可以提出其他的可能性。

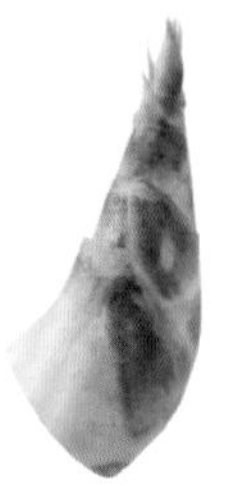

台灣有很棒的食材！尤其竹筍、土雞、黑豬肉

從春筍、劍筍、烏殼綠、綠竹筍、桂竹筍、麻竹筍到孟宗竹，走遍世界，理解多國飲食文化的張聰特別提及台灣竹筍與土雞的美味。全世界少有地方一年四季都擁有如此高品質的筍，而台灣涼筍，也是韓良憶久居荷蘭時，最想念的一道菜。蔡珠兒則說：「世界各地有各種烤雞，在我心中，台式甕仔雞是最完美的。」行走世界各地米其林餐廳的張聰也說出了自己的觀察：台灣土雞特有的香氣和鐵質風味，可以提昇菜餚的高度，絕對有PK國際的品質。

黑豬肉則是讓趙麟師、阿發師、健豪師提及時很興奮的一個食材。從前農業社會，台灣人為了感恩牛耕作的辛勞，許多人不吃牛肉，反而讓民間養成了深遠的食豬文化，一頭豬從豬腦、牙齦、氣管到骨髓全都可食，至今吃豬內臟仍是日常裡的習慣，豬肉品種多，尤以黑豬最具特色、在地性，風味也好。

要原味，也要沾醬

台灣物產豐饒，很早我們就懂得吃原食原味，在「台灣菜味型研究」裡，本味便榮登最喜歡與最常吃的第一名。飲食生活家葉怡蘭更曾於2005年寫過「台灣的滋味，是原味」一文，描述以食材為核心的簡樸精神。相較他國，台灣的飲食清淡，不過在這份清淡裡，卻有個人增減的空間，答案便是醬料。

小吃攤、餐廳不時都會放上醬油膏、辣椒醬、烏醋等物，羊肉爐搭豆瓣醬、水餃配醬油烏醋、肉粽淋甜辣醬、火鍋沾沙茶醬，台灣人幾乎每日都會「無意識」的吃到各種醬料，其中醬油膏可能是最常見的，從早餐店的美而美、永和豆漿（蛋餅、蘿蔔糕都要淋），到黑白切、碗粿全可見其身影，日常裡頻繁使用的程度，讓研究各國飲食，從馬來西亞嫁來台灣20年的《辛香料風味學》作者陳愛玲都忍不住說：「台灣人真的好愛吃醬油膏喔。」

勾芡裡的人情味

台灣菜色湯湯水水勾芡多，兆麟師說，這個跟以前生活艱苦有關，「做我們這途的，有五條路要走。第一菜舖，第二乾貨舖，第三肉舖，第四海產舖，最後一條就是水龍頭。」水龍頭指的便是勾芡，主人家預算不夠，擔心客人吃不飽，師傅便打開水龍頭，加入湯水勾芡，除了讓菜色看起來更大盤，也可以增加飽足感，這是體貼與應變之道。

講起台味，除了實體的味道外，絕不能不提起精神上的「人情味」。雖然社會關係已不像過去農業時代緊密，但人與人間的關係與體貼仍在，每次採訪時，明明要拍照的只有一、兩道，受訪者卻還是習慣準備好一桌子菜，說：「工作歸工作，等等還是要吃飯，多菜才好配。」交通部長林佳龍也特別提及了學生時代的滷肉人情外交，台灣最美的風景是人，一點都不是口號，從飲食到生活各方面，貨真價實。

把辛香料放進油香裡

台灣人炒青菜做的第一件事往往是熱油爆香，蔥、薑、蒜、紅蔥頭是廚房裡常見的辛香料，不過除了簡單爆香熱炒外，還喜歡把紅蔥頭切片炸酥後放入豬油裡做成油蔥，淋在麵條、米粉或青菜上，傳統用豬油，現在則多放植物油，是很具有指標性的台灣滋味。

不過除了家常版外，在餐廳裡，台菜師傅會以辛香料搭配不同的油品炸出油香，阿發師說：「炒菜時，放一點點油很難爆出香氣，我們會事先用大鍋炸辛香料，再用充滿香味的油去炒菜，味道才夠。」阿發師的料理三寶：麻油薑、雞油蒜頭、黑豬油紅蔥頭，炸過的辛香料與油各有用途。

除了鮮味，也很在意甘味

老蘿蔔

梅干菜、老蘿蔔、破布子、蔭冬瓜、豆腐乳、豆豉、紅糟等發酵物，都具甘味。甘味不是單純的甜，而是種餘後味，會在食物通過口腔一段時間後，反饋回來，帶出甘甜感。不過至今甘味仍沒有被科學指認出來，因此無法像鮮味（Umami，麩胺酸）一樣成為世界通認的味覺，但它確實存在於台灣日常裡的許多菜餚裡，在南北貨行和雜貨店也都能買到俗稱豆婆、豆粕啟動發酵的關鍵物。這些發酵食跟早期台灣人生活艱苦，勤儉愛物有關，在無凍藏設備時，為了延長食物保存期，便透過糖、鹽、豆麴、米麴等，讓食材轉化出另一種風味，流傳至今。

飲食文化漫談

台得合理?

文/お仙(資深美食評論家)

回顧這十年來台灣餐飲發展的日益蓬勃，是我在十年前寫下「台的有理」時所意想不到的。現在不但有米其林指南、有五十大餐廳、有更多具備國際經驗的廚師投入台灣餐飲、也有許多以食物爲主題報導的新媒體……。以前普遍在台灣西餐的現象是，要高級一定用進口肉品、進口的蔬菜，而今顯而易見地，在地肉品、海鮮、在地蔬菜完全成爲了習慣。「台灣味」成了一個最佳的行銷口號，他不是突然迸出來，說是受到北歐風土料理概念的影響是或多或少，嚴格來說，在地食材較進口貨新鮮且符合時令，又大多比較便宜，是早有優勢。再加上愈來愈多西洋蔬菜在台灣都有人栽種，因此在「台灣味」被大肆行銷前，在地食材已是不可逆之勢了。

過去，台灣西式餐飲中被提到「台味」、「台式」，無關食材在地與否，常常是帶有一層貶意，他比較像是扭曲過後、簡化的、符合台灣人普遍口味習慣的西式料理。常見的以紅、白、青醬可炒各種配料的義大利麵，總是湯湯水水醬汁掛不上軟呼呼的麵條，也有那種用台灣

AUTHOR

お仙

難以被定義的飲食人，擁有比利時布魯塞爾皇家音樂院的爵士演奏文憑，卻以烏德琴演奏家身份活躍於音樂圈，是個不折不扣的食痴、廚人、味道提案實踐者。17年前開始關注餐飲發展，並不時發表評論，近年較少書寫，轉為實作，現經營一步一步來／Kopi lbrik 豆売所暨立飲bar，專營汁焙烘豆、土耳其咖啡與各種飲食提案，但仍持續關心餐飲趨勢，是不少餐廳裡的常客，偶有評論文章。

米煮到米心半熟的僞裝燉飯，玉米粉勾芡的濃湯，更別說是高級西餐不熬高湯靠各種粉調味的湯品。然而，經過了這些年，我稱之爲「新台式西餐」的現象，倒是展現了像是當年日本人發明「洋食」般，有著異曲同工的新論述。

洋食是日本人充份理解西式料理工序而創造出來搭配米飯的物種，而新台式西餐指的是這一世代的年輕廚師們對西式烹飪掌握了基本(他們多半在比較高端操練過，甚至有國際經驗)，所做出符合台灣人口味需求的各式菜餚，比如說吧！一盤煮得恰到好處的義大利燉米，蓋上可能是用各種手法烹煮出的大塊可口魚肉、海鮮類(歐洲人基本不這麼搭配)，又比如在一盤中有大塊的蛋白質搭配大量的在地蔬菜，我認爲這來自台灣人吃便當有主菜又有滿滿配菜的飲食習慣，畢竟高檔的法菜一般百姓會擔心吃不飽？也無法理解燉飯著重的不是配料多寡。與台式西餐相比，新台式西餐做的是眞正的西式餐飲，他們多半主打酒菜小館市場，由於價位親民，這類型的小館在這十年間快速成長。

而這幾年以「台灣味」爲號召的餐飲百花齊放，在地食材不說，各種對於台灣飲食文化的梳理研究，一波一波地展示在各種不同的烹調類型。我說啊！這好像日本人做西餐，會擅用味噌、柚子、山葵等「和」的元素，但都是本於法式或義式的基礎上來添加味覺色彩。可是「台灣味」的運用倒像是有些走火入魔一般的操作，不但用上比如像是老菜脯等元素，甚至把各種小吃、台菜端上了高級西餐的餐桌，我不反對偶一爲之以增添席間樂趣，多了，倒像是混血不良的融合菜，這些現象我一直覺得是投飲食媒體所好而致(當然還有國際趨勢)，台灣味成了顯學，所以不斷地迎合。但不論如何以法菜包裝，感官上是徹底的台式味覺，眞的足以證明「台灣味」在西式烹飪上的融合獲得成功嗎？若要如此，日本人也有太多的鄉土料理，把壽喜燒放到法式餐廳如何？把大阪燒端到高檔的義大利餐廳又如何？你比較不會見到日本人強調「和」到這個地步的原因是，不論你如何創新，還是應該有他的菜路。日本料理就算融合在地元素、食材，還是日本料理的樣子，法國菜就算是擷取台灣小吃的概念，他應該還是那個法菜的樣貌。否則，又何必付了大把金錢上高級餐廳吃一碗蚵仔麵線？

我早前曾經對一位擅於把台灣味融合的西餐廚師說，我期待的是經過淬鍊把台灣味拋下後，你做出來的東西，那才是眞正的創作，可惜的是「台灣味」終究成了一道他們似乎無法跨越的高牆，這也是我當初始料未及的。或許這個時代沒有媒體幫忙就沒有掌聲，大眾的口味也隨波逐流，但當台灣味有一天終究會退燒，再回頭想想現在這一切是否有些荒謬？又也許這只是個比較大的演進過程吧！

特別企劃

傳說中的 草莓鮮奶油蛋糕……

文／馮忠恬　攝影／Hand in Hand璞真奕睿影像工作室　採訪協力／苗林行

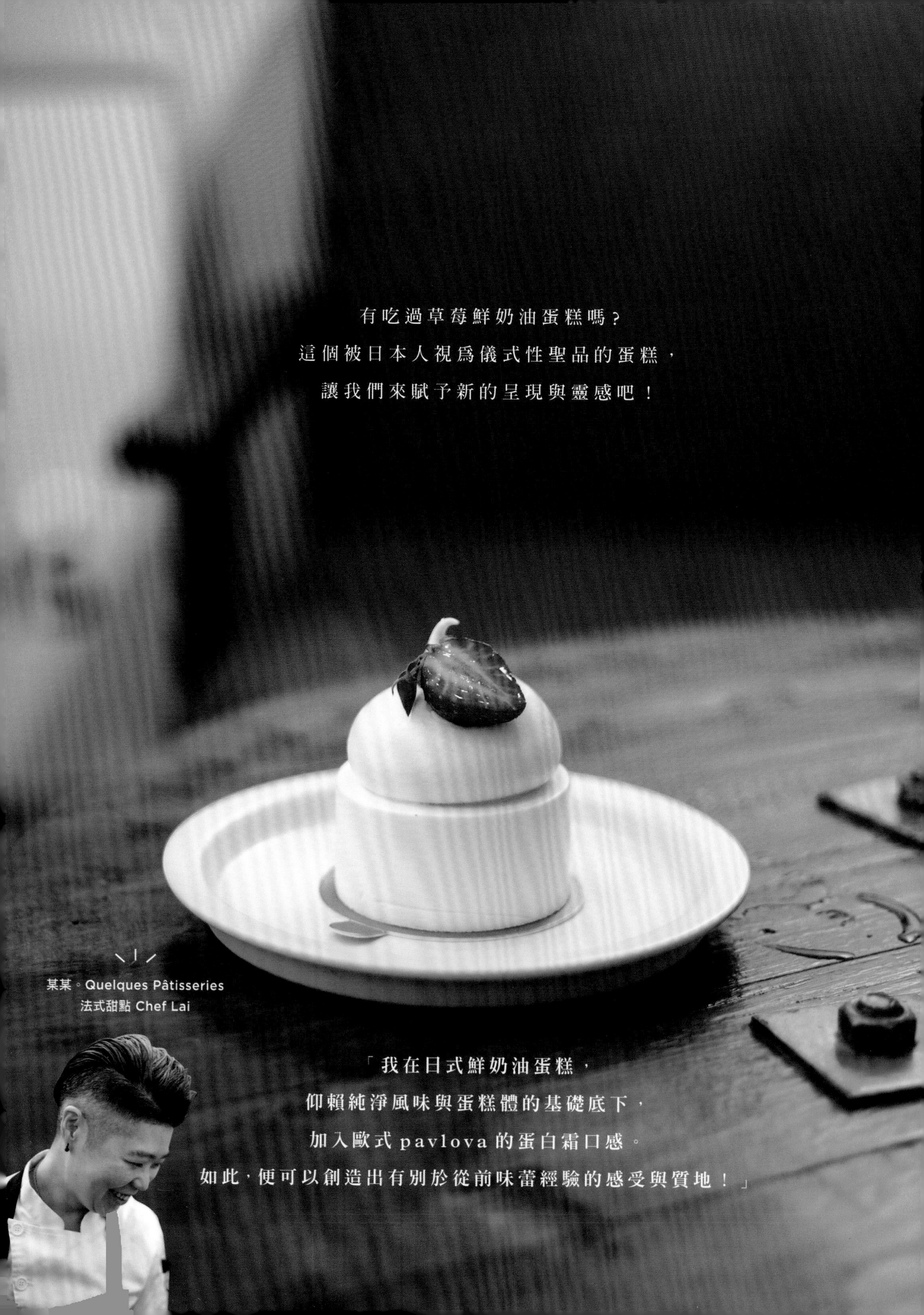

有吃過草莓鮮奶油蛋糕嗎？
這個被日本人視為儀式性聖品的蛋糕，
讓我們來賦予新的呈現與靈感吧！

某某。Quelques Pâtisseries
法式甜點 Chef Lai

「我在日式鮮奶油蛋糕，
仰賴純淨風味與蛋糕體的基礎底下，
加入歐式 pavlova 的蛋白霜口感。
如此，便可以創造出有別於從前味蕾經驗的感受與質地！」

當法式甜點師遇上日式甜點品項時，就像是邀請MotoGP（世界摩托車錦標賽）選手參加自行車比賽一樣，雖都是兩輪，卻有著截然不同的思維。

好比鮮奶油，法式甜點鮮奶油多半口感厚重，喜歡以香料增添風味，日式鮮奶油（尤其是製作鮮奶油蛋糕的純生鮮奶油）口感輕盈、純粹，且除了原有的水分與脂肪外，無任何添加，Lai說：「第一次用的時候，感覺像在喝鮮奶。」

這次很不理所當然的，邀請了在法國習藝的Lai來製作，便是想要觀察，法式甜點師如何處理日式題材，從蛋糕體的製作到鮮奶油的呈現，法國魂隱隱飄出，最有意思的是，Lai一改草莓鮮奶油蛋糕的軟綿口感，加入脆脆的蛋白霜元素，他說：「在思考這款蛋糕，我想到草莓鮮奶油的潔白與鮮紅，馬上連結到有鮮奶油、莓果與蛋白霜元素的pavlova，使決定在日式的基礎上，維持住鮮奶油的純淨，結合法式的蛋糕體結構、最後放上蛋白霜。」

shop info

某某。Quelques Pâtisseries法式甜點

法國斐杭迪高等廚藝學校畢業的主廚Lai，結業後於三星餐廳與飯店實習，而後回台灣與Lynn（同為校友）一同創辦，開設實體店面於安和路的巷弄中，希望能將法式甜點的美學與美味與大家分享，進而創作出屬於某某風格的作品。擅長搭配各種食材，著重風味上的細膩感，成為不少甜點控的心頭好，以外型簡練的法式甜點著名。

電話：(02)2755-4097
營業時間：13:00～19:00，週一、二休
地址：台北市大安區安和路一段102巷23號

鮮奶油小學堂

文／Nick Wu

純生鮮奶油

乳脂肪百分比：35% － 50%

原料除了鮮奶油外，無任何添加，可說是完全從鮮奶轉變而成，主要產地為日本及法國，原廠出貨後保存期限在15天左右，空運來台再經海關檢驗，約莫剩下7 － 10天效期。1L售價超過700元，可說是極為嬌貴的原料。入口後乳香風味濃郁，化口性極佳，後韻清爽不油膩，使用的店家不多，但風味很好，有機會一定要試試，可顛覆對鮮奶油的厚重負擔印象。

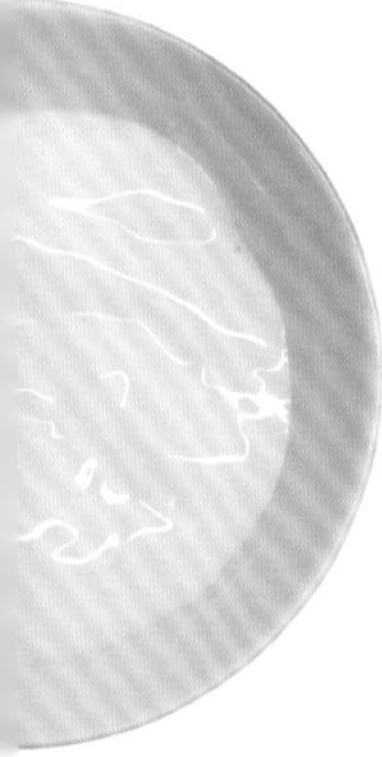

鮮奶油（動物性鮮奶油）

乳脂肪百分比：35% － 38%

這類型鮮奶油是目前市場上的主流商品，主要產地為法國、比利時、英國、愛爾蘭、美國及紐西蘭。主要原料除了鮮奶油以外，通常會加入增稠劑或是乳化劑以避免油水分離，普遍使用超高溫瞬間殺菌UHT的方式進行滅菌，保存期限可長達6 － 12個月不等，1L售價約150 － 250元；高溫殺菌造成的梅納反應，導致乳香風味濃郁，化口性佳，但是口感較為厚重；非常適合應用於白醬、濃湯、巧克力甘納許、慕斯或是各種餡料、奶醬的製作，但是使用在蛋糕裝飾方面容易有表面乾裂、內部塌陷及變色的問題。

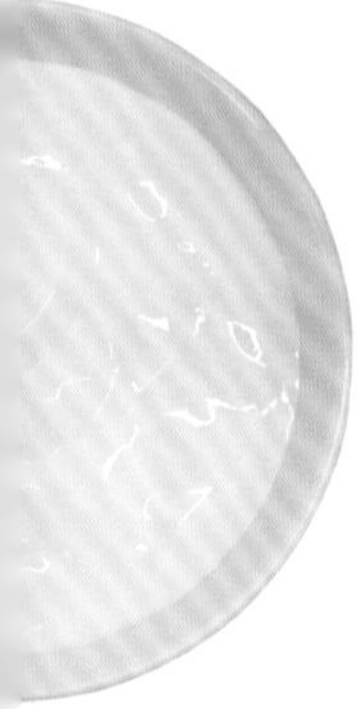

脂肪抹醬（植物性鮮奶油）

乳脂肪百分比：0

是「鮮奶油」被汙名化的元兇，去年度政府要求更名為脂肪抹醬，不過許多品牌改稱為打發脂、發泡脂或是烘焙專用脂，原料是以水、氫化後的植物油脂（棕櫚油、椰子油或菜籽油）、增稠劑、乳化劑、甜味劑及香料為主。1L售價約120 － 200元，成本低廉、操作穩定性高，可長時間維持堅挺的外型，非常適合烘焙新手或是應用於飲品及糕點裝飾，但是風味通常來自牛奶香精、香草香精，化口性不佳，即便將其嚥下後依舊感到油膩，也是導致許多人聽到鮮奶油即退避三舍的主要原因。

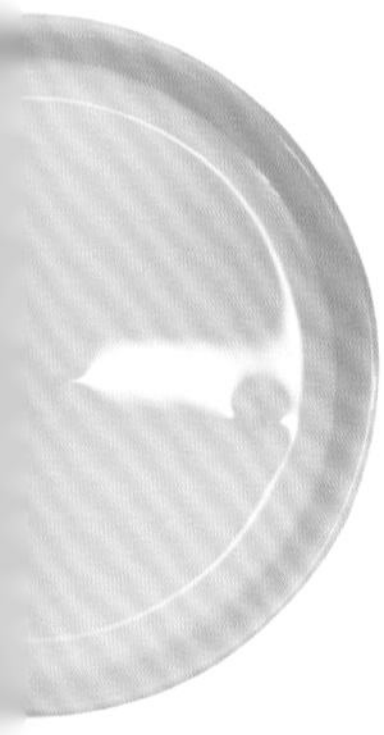

動植物混合鮮奶油

乳脂肪百分比：5% ～ 30%

從去年度開始不能再以鮮奶油做為品名，但是也沒有明確告知該如何稱呼，因此由各家廠商自行命名，較常見的名稱是奶霜或是專用脂；此產品簡單來說就是將鮮奶油與脂肪抹醬混合，只是各家廠商比例不同，有些動物性乳脂肪較高，有些則是植物性油脂多，最主要是要結合兩者的優點，希望能夠創造出操作性佳、穩定性高但同時又能保有良好風味及化口性的原料，不過有時反而會適得其反表現出兩者的缺點。目前市場價格落差頗大，歐洲產或國產價位落在120 － 180元，日本產則是430 － 500元，主要是因為日本產品較輕盈化口，風味也較自然的關係。

甜點製作是個得不斷重複的過程，尤其看著雞蛋或鮮奶油的打發，原本的液狀因空氣的進入而撐起，蓬鬆光滑，架構出整個蛋糕的主體與風味，過程與結果同樣療癒，至於這款蛋糕要怎麼稱呼呢？法式或日式早已不重要，他是我們對鮮奶油草莓蛋糕的另一種想像。

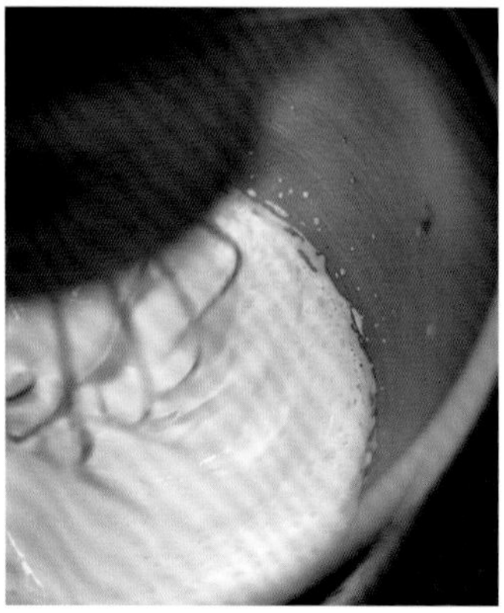

創作過程

1

打發蛋白、砂糖，拌入糖粉，製作蛋白糖霜。

2

製作好的蛋白糖霜，使用圓形擠花嘴，擠出仿製鮮奶油霜垂墜感的圓頂以及花瓣形狀。

3

隔天，以雞蛋、麵粉、糖製作戚風蛋糕麵糊。

4

麵糊倒入矽膠板上，抹平，送進烤箱，160度烤8分鐘。

5

製作內餡：先打發純生鮮奶油。

6

純生鮮奶油的水分較高，要特別維持低溫，較不易油水分離。

7

把打發好的鮮奶油與卡士達醬攪拌均勻，成為卡士達鮮奶油內餡。

8

作法4的蛋糕片烘烤完成，冷卻後翻面去除矽膠烤墊，以圓形切模壓出內餡使用的形狀。

9

先把蛋糕片放入模型，再疊上卡士達鮮奶油內餡。

10

放上糖漬好的草莓塊。

11

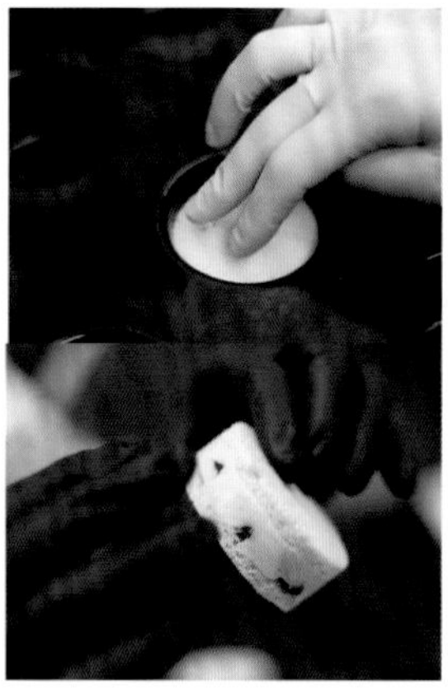

疊上第二層蛋糕片，放入急速冷凍10-15分鐘，成型後取出，就是鮮奶油蛋糕的草莓夾心內餡。

12

預先調味好的鮮奶油，打發後填入模型至7分滿。

13

將作法11放入作法12裡，再以鮮奶油抹平。

14

脫膜後放上蛋白霜花瓣(兩層)與草莓裝飾。如果想做另一款造型，持續作法15。

15

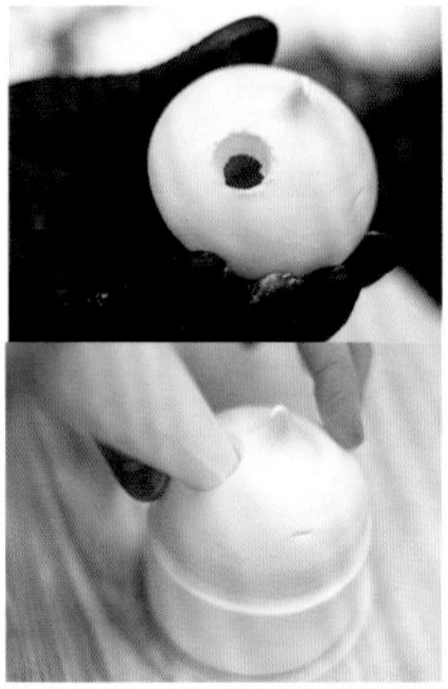

圓頂蛋白糖霜挖空一個草莓尺寸的洞口，放在蛋糕上後從洞口填入草莓果醬、切丁新鮮草莓及卡士達鮮奶油。

16

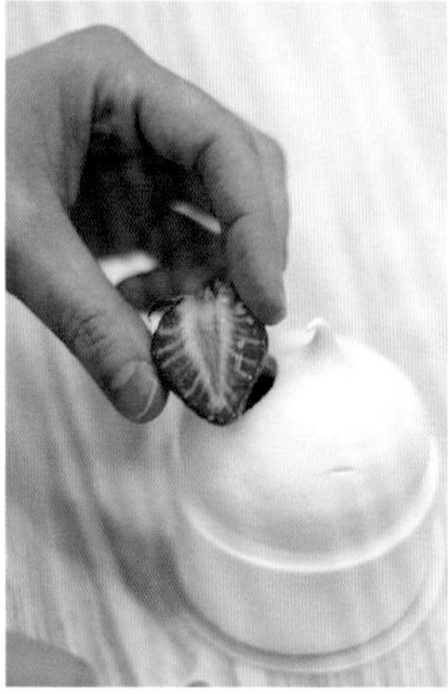

最後放上草莓裝飾。

「Chef Nak（Rotanak Ros）——位充滿熱情的廚子、食物作家與企業家。她的使命是歌頌和存續柬埔寨料理的藝術。」金邊瑰麗酒店的介紹，讓這位沒有經歷正統料理訓練的客座主廚，瞬間家喻戶曉，也成為美食家安德魯·席莫（Andrew Randy S. Zimmern）柬埔寨美食旅遊的指定行程。

發揚封存的歷史

把柬埔寨食物帶到世界的素人名廚

文／Brook　攝影／Chef Nak提供

與其稱Nak爲主廚，我想她更像是廚房裡的歷史學家。她在非營利文化組織「柬埔寨現存藝術中心」（Cambodia Living Arts）和各國的文史工作者走遍各省村落，發現不同地域的偏好與食材，會讓一道菜的滋味截然不同，八年的工作之旅，奠定了她的世界觀，也讓她從不同的角度切入料理世界。

「料理是藝術，訴說著我們吃什麼、我們是誰、居住的模樣。」

1975—1979年，人類史上最恐怖的政權，近1／4的柬埔寨人被殺害，貴族謄寫的家傳料理消失了，即便今日的金邊早已遍地簡體字，高樓拔地而起，講到紅色高棉，Nak還是壓低了聲量。爲了找出消失的食譜，Nak去了圖書館、找了歷史學家、問了考古學家，完全找不到百年前的飲食記錄。過去的高棉菜繁複細膩，如今留下的多是基本維生的菜色，舉例來說，很多人以爲阿莫

克魚（Fish Amok）是國菜，其實它只是做法簡單常見，味道接受度高。Nak突然發現，過去即將過去，她應該要做些什麼。

「最重要的是去紀錄封存時間裡的一切」

開頭總是最難的，丈夫兼三份工作讓她全心投入，Nak則是哪裡有古老菜餚就往哪裡去，一邊說服望族把傳家食譜公開，一邊把近十年蒐集到的菜色出版成英文食譜「NHUM（高棉語：吃）」。老食譜的味道是時間煮出來的，她決定把自家變成私廚—「Mahope（高棉語：食物）[2]」，做為表現傳統繁複手法的媒介。

餐廳時常為了便利而簡化製程，該是奔放濃郁、重甜又重鹹的高棉菜，竟變得平淡，以討好觀光客味蕾。在這裡，越繁雜，越有價值，嚐不到妥協，Nak研究食客背景，挑選合適菜色，講述料理背後藥膳或食補的故事，搭配高棉音樂家現場演奏，賣的不純然是料理，還有體驗與記憶。

「食物不僅能飽足，也是國家的故事，讓人們記住這個國家。」

「我的使命就是，把柬埔寨食物帶到世界。」向世界許願後，她有計畫地同步投入四大面向：攝影、錄影、建檔、產出食譜，想成為下一個網飛（Netflix），並與國際品牌合作，教導人們吃營養的食物、分享刷牙、喝水的基本知識，有策略的把「Chef Nak」打造成訊息權威，既是主廚，又像企業家，又有點教育家的味道。

但沒有廚藝背景真能做為國家的料理大使嗎？很快地我明白，生於政治動亂，Nak沒有地域與國界包袱，沒有掙扎著釐清柬、泰、寮、越的味道，那是食材在歷史前後交織下的結果，純粹的柬埔寨料理讓別人去說，她放眼世界，忠實地記錄著村莊宴請的、父親教導的，屬於文化遺產的傳統柬埔寨料理，期望下一個世代的驕傲回顧。

訪談結束後，我步行前往與她辦公室相隔僅五條街的S-21集中營舊址，圍牆內無盡的苦難與我手中的精裝食譜形成強烈對比。如果生在彼時，進食是延續生命和傷痛，料理與美食家都是不存在的名詞。

突然理解了Chef Nak之於這個時空背景的意義。

威爾．杜蘭說：「文明是一條河岸綿長的河流。有時河裡流淌著血，因為人們殺害、偷竊、叫喊，做出歷史學家通常會記錄的事；而河岸上未被留意之處，人們建造家園、相愛、歌唱、寫詩，甚至削木雕刻。文明的故事述說發生在河岸的事。歷史學家是悲觀的，因為他們忽略了岸上的一切。」

「我正在為年輕的一代創造歷史」她說。而我們得以有幸品嘗回憶。

2019年出版了英文食譜《NHUM》，以作為向世界介紹傳統柬國料理的重要一步。

資料來源：Amazon.com

1. https://reurl.cc/exm33W 2. https://rotanak.co/

每天早上6點半起床做便當

一切，都是爲了墊高女兒的味蕾門檻

文、攝影／沈軒毅（20年資深美食記者）

番茄肉醬通心粉
生熟蛋

女兒只愛真食材，哪怕是一碗白飯配蛋黃、澆醬油，也覺得勝過漢堡、薯條、汽水等速食。如果真的想吃，爸爸就自己打漢堡肉、用鵝油炸薯條給妳吃！幫妳打好底子，等滿18歲，若想吃垃圾食物就由妳吧。

人家說「女兒要富著養」，我希望能讓她的味蕾豐富人生，明白酸甜苦辣箇中滋味，倒不是養成公主病。

女兒上小學吃了一天營養午餐後，便要求帶便當，而且希望是「看起來不要太好吃的便當」，理由是若造型太可愛、看起來很好吃，會引起同學騷動，所以希望低調一點。優雅來自於內在，而非外表，就跟不該以貌取人的道理一樣。

因學校蒸便當不方便，所以我每天早上6點半起床，花半小時做便當，以保溫便當裝盛，到中午飯菜還是熱的。也不花時間做可愛造型，那些時間用來睡覺多好啊。

半小時內做出3菜便當並不難，地方爸爸的便當三寶是雞蛋、絞肉、火鍋片。米飯前一夜睡前淘洗後，放入電子鍋即可預約時程。便當菜多半是一肉、一蛋、一青菜。青菜以烹調後仍可保持口感的青花菜、青江菜、豆芽菜爲主，況且一餐不吃菜也無妨。讓女兒前一晚自己掐銀芽，掐掉豆芽菜頭尾，做幾次，她就明白每道菜看似簡單，背後卻花了很多心力，就像小王子喝的井水，味道像大宴一般香甜，香甜感來自於自己雙手的努力。

雞蛋的變化就多了，太陽蛋、蛋卷、松露鹽炒蛋、醬燒蛋、生熟蛋、烘蛋、蒸蛋，都是女兒愛吃的口味。炒嫩蛋灑松露鹽、配松露醬，讓她明白松露不過就是這麼回事，說不定蘑菇更香呢。最獲女兒青睞的是起司蛋卷，再來就是太陽蛋和蒸蛋。據說學校營養午餐只要有蒸蛋，班上同學都會吃得特別快搶第二輪。女兒偏愛不加任何配料，僅添少許醬油調味的蒸蛋，蛋與水的比例約1：2，蛋汁得先過篩，撈除表面泡泡，再以滾水蒸12分鐘。生熟蛋類似溫泉蛋，一次做兩、三顆，帶便當可搭配咖哩、番茄肉醬，剩下的就當早餐，直接吃或以吐司沾食都可。

超市買的整盒絞肉和火鍋肉片，回家改以保鮮盒保存，加醬油、酒、紅甘蔗膏等醃漬，早晨做便當時便可省去調味，也能延長賞味期限。

醃好的絞肉直接捏成小丸就能煎成肉餅，想要升級版，就拌入菜脯、魚漿和蔥花，煎熟就是苗栗苑裡地方風味的鯊魚餅。加蒜末、打拋葉和魚露可炒成泰式打拋肉；加鹹蛋黃或蔭瓜炊蒸就是鹹香下飯的台式蒸肉；快速加洋蔥炒一下就能煮成日式咖哩。費工一點就包入鵪鶉蛋，煎、炸、煮皆宜，彷彿迷你版的蘇格蘭蛋。

蕎麥麵
黃瓜白肉卷
水果罐

奶油地瓜飯
小黃瓜烤肉卷
醬炒白豆乾
燙青花菜
魚煎蛋

菜飯
牛肉卷壽喜燒
蒟蒻
燙荷蘭豆
起司蛋卷

火鍋肉片也是省時食材，燙煮、煎烤約3分鐘即熟。前一夜先醃漬，早晨熱鍋放上去，不用一分鐘就是香噴噴的烤肉。就算忘了醃，加上調味料靜置5分鐘就能入味。女兒說：「烤肉飯是我絕對不會分同學吃的便當菜。」

火鍋肉片也很適合包捲蔬菜和菇蕈。包捲金針菇、杏鮑菇，以壽喜燒醬汁煮入味，是非常適合當便當菜的日式風味。

天氣較熱時，吃蕎麥麵很開胃。沾麵醬先以小罐裝盛冷凍起來，中午剛好退冰，就能以麵條沾食，配菜則是燙肉片捲小黃瓜，不需再淋醬，品嘗時沾點沾麵醬即可。

每天幫女兒做便當，只希望她能感受到父母的愛，在享用食物時，能感謝上天與大地給我們的恩賜，能明瞭農人的辛苦。重要的是長大後，別被莫名其妙的男人用食物騙走了，拉高味蕾門檻，以後和男孩子約會時，或許就能看出他的品味。

對了，我沒說當初妳媽媽就是被我一句「一起去吃河豚吧。」她才願意跟我約會的。

地方爸爸的**便當三寶**

雞蛋 1 Eggs

魚煎蛋

材料：蛋1顆、吃剩的煎魚或蒸魚肉少許

作法：

1. 取魚肉剝碎，去骨去刺。
2. 將魚肉拌入蛋汁打勻。
3. 以鯛魚燒鍋煎熟即可。

Tips：可拌入些許蒸魚湯汁，煎蛋味道會更滑嫩。

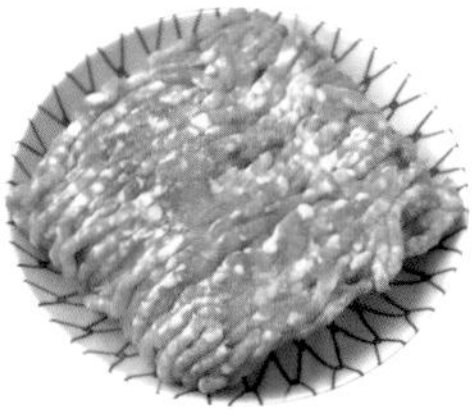

絞肉 2 Ground Meat

基本醃漬

絞肉300克、醬油1大匙、清酒或米酒1大匙、紅甘蔗膏或糖1小匙、蒜頭1瓣

作法

醬油、酒、糖加蒜泥拌勻，拌入絞肉醃漬，冷藏約可保存3-4天。

煎肉餅

材料：醃漬過的絞肉100克、蔥半根

作法：

1. 蔥切末，拌入絞肉。
2. 熱鍋加少許油，絞肉捏小團入鍋。
3. 以湯匙將肉團壓成餅狀，煎熟即可。

Tips：醃漬過的絞肉加蔥花拌勻，也可加鹹蛋黃或蔭瓜入鍋炊蒸。

火鍋片 3 Sliced Meat

基本醃漬

300克肉片、醬油1大匙、清酒或米酒1大匙、紅甘蔗膏或糖1小匙、蒜頭1瓣

作法

醬油、酒、糖加拍碎的蒜頭拌勻，放入肉片醃漬，冷藏約可保存3-4天。

牛肉卷壽喜燒

醬汁：醬油15毫升、清酒15毫升、味醂15毫升、糖5克

材料：火鍋牛肉片6片、金針菇1小把、蒟蒻絲6個

作法：

1. 金針菇去除根部，以牛肉片捲起。
2. 牛肉卷封口朝下入鍋煎定形。
3. 加蒟蒻絲和醬汁煮滾，煮至醬汁剩一半。

Tips：金針菇可換成杏鮑菇片。燉煮時可放紅蘿蔔、鳥蛋等。

生熟蛋

材料：蛋2顆、水適量(需蓋過雞蛋)、醬油少許、白胡椒少許

作法：
1. 水煮至微滾冒泡即關火，勿大滾。
2. 放入蛋(連殼)，不需蓋鍋蓋，浸泡8分鐘至8分鐘30秒即取出。
3. 倒在盤子上，淋醬油、白胡椒。

Tips：冷藏蛋約泡8分30秒，室溫蛋約8分鐘，可依喜好調整。

起司蛋卷

材料：蛋2顆、水少許、鹽少許、起司片1片

作法：
1. 蛋加鹽和少許水打勻，起司片切長條。
2. 充分熱鍋後轉最小火，抹薄薄一層油。
3. 倒入適量蛋汁攤平，鋪起司片捲起，再反覆倒蛋汁捲起。

Tips：可包捲火腿、玉米粒或海苔等。

香菇鑲肉

材料：醃漬過的絞肉100克、鮮香菇4朵、蠔油1大匙、太白粉少許、水1杯

作法：
1. 香菇去除菇柄後，菇傘褶處灑少許太白粉。
2. 取適量絞肉鑲入菇傘後入鍋。
3. 蠔油加水拌勻，倒入鍋裡，加蓋燒15分鐘。

Tips：香菇可換成三角豆腐、豆卜。

番茄肉醬

材料：絞肉300克、洋蔥1顆、蒜頭3瓣、白酒50毫升、市售普羅旺斯番茄泥(紅醬)430克、普羅旺斯綜合香料10克

作法：
1. 熱鍋放油放入洋蔥末、蒜末炒香。
2. 放入絞肉炒至變色，加普羅旺斯綜合香料炒勻。
3. 加白酒、番茄泥翻炒，轉小火煮30分鐘。

Tips：可搭配通心粉、義大利麵、白飯，或是加肉丸、蝦球燴煮。

咖哩肉包蛋

材料：醃漬過的絞肉120克、鵪鶉蛋6顆、咖哩粉1小匙、市售日式咖哩塊1塊

作法：
1. 鵪鶉蛋入滾水煮熟後撈出瀝乾。
2. 絞肉加咖哩粉拌勻，取適量裹在鵪鶉蛋外表。
3. 咖哩塊放入滾水煮溶，放入肉丸煮熟。

Tips：肉包蛋可直接油炸、蒸煮或煎熟，亦可放入番茄紅醬燴煮。

小黃瓜烤肉卷

材料：醃漬過的火鍋梅花肉片6片、小黃瓜半根

作法：
1. 小黃瓜刨成細絲。
2. 以肉片包捲小黃瓜絲。
3. 熱鍋，肉卷封口朝下入鍋煎熟。

Tips：亦可包捲銀芽、紅蘿蔔絲，但需先汆燙過。

黃瓜白肉卷

材料：火鍋五花肉片6片、小黃瓜1根、蒜泥醬油少許

作法：
1. 小黃瓜以刨刀刨成長薄片。
2. 水煮滾，轉小火保持不冒泡狀態，放入肉片煮熟。
3. 肉片以廚房紙巾吸乾水分，鋪在小黃瓜片上捲起，可淋蒜泥醬油。

Tips：小黃瓜可先以刨刀刨一刀，即不會晃動。

烤肉飯團

材料：醃漬過的火鍋五花肉片6片、米飯1碗

作法：
1. 將米飯捏成圓柱狀飯團。
2. 以肉片將飯團捲起。
3. 熱鍋，肉片收口朝下，入鍋煎熟即可。

Tips：適合使用五花肉或梅花肉片，里肌肉較無油脂，易乾澀。

Food! Food!

攝影計畫 vol.4

Happiness Only real when shared

Columnist

DingDong 叮咚

非典型攝影工作者，擅長在生活時光中自然擷取。在他的鏡頭下，平凡的每日場景，總可以充滿柔軟的瞬間。

時常來台灣的渡邊先生與Chika小姐，說他們喜歡吃水餃，本來以為是客套說說，但後來在松本市陸續認識他們的幾個朋友，他們都會以「是『水餃研究社』的成員之一喔！」這樣介紹，朋友也開心的笑著回應「はい～～Dumplings club！！」再用日本腔調的中文說著「水餃，好吃～」。總是可以聽他們說這次來台灣，又去吃了哪幾家新發現的水餃店。我很訝異我們再日常不過的食物，竟然讓日本人如此迷戀。

過年前，幾個好友約渡邊先生與Chika小姐來山上家裏舉辦忘年會，朋友Sian帶來的玻璃罐是她在家釀製的酸白菜，好棒，酸白菜火鍋日本人絕對會喜愛！但也開始讓主人我苦惱，要準備什麼帶有台味的食材才不會有失顏面。靈光一現，一樣餡料只是用蛋皮包成的餃子——蛋餃。那一刻我覺得自己是天才，身後如小當家

做菜時散發金色光芒誇張絢爛，絢爛不到一刻立馬消逝，「沒有做過怎麼辦？」「煎蛋皮感覺好難！」苦惱的事接踵在腦裡狂奔而來。

上網查食譜，在ig問了錯過早市要去哪裡買新鮮豬肉，然後邊看著教學步驟照著做。前幾個失敗，大抵上是在煎好蛋皮後要對折時，會遇到困難，料太多折起來會無法完整覆蓋，或是蛋皮煎得不夠熟，心太急就翻面。但試個幾次後逐漸抓到訣竅，我自豪的拿出整盤金黃蛋餃，親自獻給水餃研究社主理人渡邊先生，這也是他們人生第一次吃蛋餃！

那一天的開心就如吸飽湯汁的蛋餃一樣美味，在夜晚來臨前，家裡看出去的那棵大樹上飛來一隻台灣藍鵲停歇，我們一群人笑著在窗前看，留下滿滿幸福感的記憶。

想想我開始料理跟我學拍照很像，先讓興趣填滿內心後化成動力，再設立情境下去練習，所以我常藉由與朋友的聚會，將款待朋友的心意放在最前面，把料理門檻拋棄在後，上網或看書查作法，實際做個三次，找到對味的比例，自然就有自己的味道～

沒學過料理的我，做不出好吃得不得了的菜，但每天三餐有一到兩餐都自己準備，有時只是炒個青菜配拌麵，高級時滷雞翅或煎鮭魚；在朋友來家裡前安排主題，寫下菜單。我覺得會料理就像會拍照一樣，是一種練習，練習如何讓自己真誠的心，傳遞給他人。

拍照是跟人分享感動的瞬間與觀點，那料理就是分享細瑣每日三餐的累積。「happiness only real when shared」分享後產生出的幸福感是我會料理之後發覺最迷人之處。現在的我，是以這樣學習料理態度，開啟了新的生活風景。

怦然心動的麵包料理

Lesson 4

《サンドイッチ》

今天要吃什麼三明治呢？

只將餡料放到麵包上和夾成三明治的美味程度截然不同，自此我對三明治的興趣油然而生……

Columnist

徳永久美子

橫濱市人氣麵包店「德多朗麵包店Backerei TOKTARO」主理人，身兼麵包店老闆、三個孩子母親，料理研究家等多重角色，料理經驗逾30年。擅長麵包與料理的搭配，常把平凡的食材組合出令人驚喜的味道。此專欄希望能帶給讀者更多風味上的想像與靈感，挑幾樣感興趣的，跟著做就對了！台灣翻譯作品有《愛上做麵包》（2002）、《麵包料理：77種令人怦然心動的麵包吃法！》（2014）。

翻譯／王雪雯　採訪協力／陸莉莉

每每總爲這個連載的主題，冥思苦想。

今年年初我去了一趟越南，吃到了當地稱爲「Bánh mì」的越式三明治。雖是庶民美食，但驚人的美味，應合著當地的風土、氣候，不禁勾起了「深植我心中的三明治熱愛」之情。因而決定來聊聊這個主題，闡述我對三明治的想法、德多朗麵包店的部分三明治、我喜歡的吃法等。

據說三明治的吃法是，英國的三明治伯爵爲了想在玩橋牌時可以不弄髒手取食而誕生，是非常方便的食品。旅行去到任何一個國家，都必定看得到存在著用麵包夾入某些材料的三明治吃法。我自己也因爲工作性質之故，每到麵包店一定會看看有什麼樣的搭配組合，其種類與數量可說是無以計數。

在法國，等同日本醃梅子飯糰地位的「Jambon-Beurre」，是在法國麵包中鑲夾了奶油及火腿的三明治。稍冷的季節，也會在麵包中夾入美味的起司與滿滿的健康雞肉與蔬菜等，再烤成熱壓三明治的「Panini」，總是可以造成長長的排隊人龍。在夏威夷，很多的素食主義者會在添加了全麥的麵包中夾入酪梨、苜蓿芽及令人詫異分量的烤蔬菜、豆泥等做成三明治，然而出乎意料的是，總都能全塡進肚子裡。這次在越南吃到的麵包意外地輕盈，不知是否除了麵包外還添加了什麼？或者是否特意讓它膨脹得格外蓬鬆？在這個麵包中夾入醋漬小黃瓜、白蘿蔔及豬肉鬆、不清楚內容物爲何的香腸類的食材，最後快速淋上醬料，不消30秒即製作完成的三明治，驚爲天人的好吃、不油膩，因爲麵包很輕盈，在悶熱的氣候環境下吃了也不至於覺得肚子沉重，感覺應該可以很快地消化。

總之，最後我感覺特別印象深刻的是：

① 麵包好吃

② 三明治裡夾的是順應氣候的當季食材

③ 簡單的搭配

①不管夾的餡料多好吃，要是餡料太過搶味而與麵包不搭的話，恐怕也沒辦法吃完一整份，會令人覺得很沮喪。不只有滋味，口感也相當重要，麵包的存在舉足輕重。

②三明治中雖然可以夾入各種餡料並不受限，但我覺得季節與身體的狀態必須搭配得恰到好處。比如香菜、生菜及帶辛辣滋味的食材在大量出汗的時節總是特別好吃，而身體自然會在冷風颼颼的季節，渴望夾入燉煮蘋果搭配奶油起司與肉桂等的三明治。

③只要麵包好吃，即使只夾一片火腿也行！讓我有這個感想的是一家在法國巴黎的麵包店，他們在有著爽脆表皮與帶著粗大氣孔的核桃麵包中夾入一片Jamón Serrano（西班牙生火腿），既不加奶油也不淋任何油類，卻異常的好吃，讓我留下了相當深刻的印象。

只將餡料放到麵包上和夾成三明治的美味程度截然不同，自此我對三明治的興趣油然而生。三明治並不是什麼特別的料理，以前經常準備孩子們的便當或點心時做的三明治常爲我帶來靈感，後來甚至成爲店裡的商品。

接下來跟大家介紹德多朗店裡的三明治，
雖然只是其中的一部分。

德多朗店裡的三明治

1. 蛋沙拉葡萄乾麵包三明治
2. 鮭魚 & 蛋沙拉三明治
3. 奶油紅豆三明治（橄欖型餐包）
4. 松鼠的點心
5. 生火腿 & 烤南瓜可頌三明治
6. 馬鈴薯沙拉三明治
7. 甜辣鴻喜菇雞肉三明治
8. 貝果三明治
   - 番茄豆腐奶油起司
   - 蘋果豆腐奶油起司
   - 生火腿 & 豆腐奶油起司
9. 巧克力法國麵包
10. 免炸炸雞三明治

加碼

- 戚風三明治－蘭姆風味糖煮黑豆
- 布里歐 & 糖煮香橙

1

蛋沙拉葡萄乾麵包三明治

這是德多朗30年來持續製作販賣的一款三明治。孩子們還是學生時因為經常運動，需要這種耐餓的三明治，葡萄乾的甜美與蛋的鹹香疊在一起，相當美味。

準備富彈性且麵包體不會過甜的葡萄乾麵包，確實地塗上一層無鹽奶油，這也是美味的秘訣之一。在煮得不致過熟的水煮蛋中加入鹽與少量美乃滋、少許黑胡椒，美生菜可多一些，再放入醃黃瓜。

2

蛋、鮭魚、法國麵包的
組合就是好吃！

鮭魚 & 蛋沙拉三明治

這個靈感來自於法國航空的飛機餐。帶著些許甜味的麵包、法式芥末醬與蛋沙拉在口中相互融合！請選用輕度煙燻程度的優質鮭魚。

同樣地，請在水煮得不致過熟的水煮蛋中加入鹽與少量美乃滋、少許黑胡椒。在不致太甜的奶油捲切面塗上奶油。只在下方的切面塗上法式芥末醬（接觸蛋沙拉的面），放上塔斯馬尼亞的煙燻鮭魚、鮮嫩的芝麻葉、酸豆（醋漬）。

3

奶油紅豆三明治

橄欖型餐包

用紅豆泥與冰奶油的組合試著搭配了各種麵包，這款三明治很適合搭配熱咖啡享用。由於考慮了部分食物過敏問題，且希望跨世代的消費者都能享用，因而製作出這款不添加奶蛋卻富彈性的橄欖型餐包。德多朗自製紅豆泥是紅豆粒餡（帶皮），發酵奶油在冰涼狀態下切片。

4

松鼠的點心

將喜愛的食材通通夾入的一道點心三明治。取名時擅自覺得搞不好這會是款松鼠喜愛的點心，因而得名。選用法國產風味濃厚的蜂蜜、不過甜的奶油捲麵包體、柔滑的奶油起司、法國產蜂蜜中拌入烘烤過的堅果、無花果乾、蔓越莓乾。

常做給兒子們
吃的點心之一

5

生火腿＆烤南瓜可頌三明治

這又是一款靈感來自於法國航空飛機餐的三明治。熱愛可頌的我，總是思考著要如何製作三明治專用的減奶油可頌。

南瓜的甘甜、生火腿的鹹香，以及襯托它們的奶油起司。清新的芝麻葉、準備三明治用健康可頌、柔滑的奶油起司、抹上橄欖油並撒上鹽巴後烘烤的南瓜切片，將義大利產的生火腿撕開備用（這是非常重要的訣竅！），放上切絲的紅洋蔥、鮮嫩的芝麻葉。

6

馬鈴薯沙拉三明治

馬鈴薯沙拉與麵包是永恆的王道組合，也是我們店裡的熱賣長青商品，把它沾上炸豬排醬食用，更是一絕！

準備去邊的切片小吐司，扎實地塗上一層奶油，再加入洋蔥、火腿的馬鈴薯沙拉裡灑上一點黑胡椒，記得多放一些美生菜。

Point
這款三明治
還是跟吐司搭配最對味！

7

甜辣鴻喜菇雞肉三明治

過去「金平炒」這道料理我不外乎使用牛蒡、紅蘿蔔、地瓜等材料製作。某天，我用舞茸、鴻喜菇做成金平炒夾入三明治中，沒想到竟然獲得了孩子們的大大肯定，自此成為我家的家常菜固定班底，甜鹹滋味與美乃滋相當合拍。

請準備富彈性，風味簡單的橄欖型餐包，依序加入美生菜→雞肉火腿→美乃滋→紫蘇葉→舞茸金平炒。

舞茸金平炒我通常使用芝麻油製作。以大火拌炒舞茸→加入黃蔗糖與醬油，拌炒至水分收乾即成。

8

貝果三明治

將沖繩產的280克島豆腐確實的瀝乾水分，再與丹麥產的100克奶油起司攪拌均勻，即是我獨創的豆腐奶油起司醬。我總覺得貝果三明治就是要夾入滿滿的餡料才好吃，因為分量相當多，可以切對半，一半大小即可帶給胃大大的滿足。

A 番茄豆腐奶油起司餡

豆腐奶油起司醬＋較濕潤番茄乾＋奧勒岡葉＋大蒜＋少許蔥花

B 蘋果豆腐奶油起司餡

市售的蘋果乾與原味豆腐奶油起司拌勻＋蜂蜜後，放置一晚蘋果會釋出多餘水分，風味更佳！最後撒上肉桂粉食用。

C 生火腿＆豆腐奶油起司餡

塗上滿滿的原味豆腐奶油起司，再撒上滿滿磨搗的黑胡椒粉！疊上義大利產生火腿享用。

9

巧克力法國麵包

我在一本書上讀到，這是巴黎小孩的傳統點心，也是我經營咖啡廳時的料理之一，復刻重現！爽脆的法國麵包是賣點，且希望烤好後可以盡快享用，所以選在冬季販賣。奶油也是趁冰涼狀態下享用最好吃！

先將法國麵包分段切，再用麵包刀剖半。將發酵奶油切厚片，和巧克力一起鑲夾入。在不甜的麵包中加入甜甜的元素！好好吃！

10

免炸 炸雞三明治

不用油炸，而是淋上橄欖油後放進烤麵包機中烘烤，應該算蠻健康的吧！在這裡淋上蜂蜜＋芥末籽＋鮮奶油做成的醬料。蜂蜜芥末籽醬與雞肉相當搭配。將吐司麵團滾成圓形後烘烤。在麵包上塗上一層奶油、美生菜多一些、免炸炸雞→淋上蜂蜜芥末籽醬、紅洋蔥。

柔軟的麵包體、鮮嫩的美生菜、酥脆的雞肉，口感組合相當美味，是想吃雞肉又一直吃太多的12月所想出來的三明治。

加碼，其實就是員工餐

戚風三明治
蘭姆風味糖煮黑豆

以前曾流行過的戚風蛋糕搭配較軟的打發鮮奶油一起享用的吃法，最近又開始流行了起來。我選用無糖的打發鮮奶油，再夾入過年時做的蘭姆風味糖煮黑豆，這樣的組合絕配。

布里歐＆糖煮香橙

布里歐是我非常喜愛的麵包，麵團中和了相當多的發酵奶油，是冬天專屬的麵包。有很多搭配著吃能讓這款麵包更出眾的食材，其中香橙就是。

為了方便搭配，我常煮著備用的糖煮香橙。將水煮過的臍橙切片，再與砂糖和檸檬汁一起熬煮。麵包搭上這些手工元素總是讓人耳目一新，怎麼吃也吃不膩！

以低溫烤豬肉取代市售的火腿，
風味一絕！
然後最搭配蔬菜三明治了～

我個人喜愛的三明治夾餡
這次想為大家介紹低溫烤豬肉。

將豬肉抹上鹽與砂糖後好好放置一晚（冷藏可放3～4天）。因為用低溫燒烤，烘烤完的成品多汁美味。我曾使用附近超市賣的火腿來做三明治，兒子們表示：「嗯……」，不甚青睞，才開始研究這一道菜。鹽巴可依個人喜好增減。喜歡像火腿的口感多一些，還是喜歡肉的口感？通常做個三次左右就可以拿捏出自己的喜好。

請試著用各種部位的豬肉試試！一定會發現，豬肉真不簡單，好好吃！

低溫烤豬肉

慢火加熱可讓豬肉軟嫩好吃。理想狀態是鮮嫩多汁，而肉的中心還留有淡淡的粉紅色程度為佳，但須已達到全熟狀態。

材料

- 豬梅花肉塊 800g
- 砂糖（豬肉重量的2%）16g（請思考並非要做成火腿狀態）
- 鹽（豬肉重量的2.2%）17.6g（在小碗內鹽、糖攪拌均勻）

① 用叉子在豬肉塊上刺出孔洞。→可以幫助入味！

② 將混合完成的調味料均勻搓抹上豬肉塊。

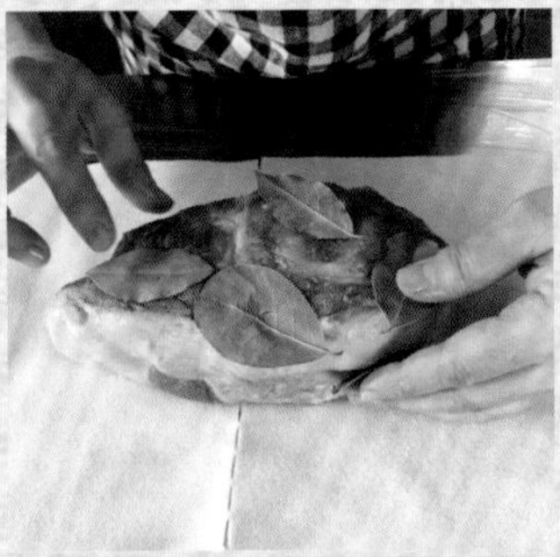

③ 在豬肉的底下墊餐巾紙，上面鋪放好月桂葉後，以餐巾紙包覆，再用保鮮膜緊緊包起，放進冷藏庫保存。（至少放置1天）→這個狀態冰冷藏3～4天沒問題！

Point

● 將鹽與糖混合後搓抹到豬肉塊上會發生什麼事？

1. 鹹味會滲透豬肉中，變得入味，美味度倍增。和僅僅撒上鹽巴的風味完全不同，是鹽漬特有的醍醐味。
2. 砂糖會保留住豬肉的水分，成品特別多汁！
3. 只會流失多餘的水分。
4. 鹽巴和香草使豬肉呈現自然的色澤。

● 為什麼用低溫？

以前曾用180℃～200℃烘烤，流出的水分與油脂異常的多，以致烤好的肉變小也變硬，因而開始思考這個問題。涮涮鍋不能過度沸騰，必須控制火候煮好的肉才會軟嫩。應用這個觀念，發現豬肉塊若用低溫烘烤肉塊就不會縮小。一開始在平底鍋上香煎即可形成梅納反應，帶來香氣與甜味。

● 風味可自由調整

這次介紹了以月桂葉增添香氣的作法，但亦可使用乾燥義大利綜合香草、芹菜葉、迷迭香、百里香等。或將黑胡椒打碎（才不會烤焦）一起抹上以增添風味與滋味。同時也推薦您嘗試在烤好的豬肉塊上撒上現磨黑胡椒（大量）或五香粉（少許）等。

4 烘烤。請在烘烤一小時前先放置於室溫下。→豬肉塊溫度太低可能導致中央烤不熟。

5 在加熱的平底鍋中倒入少許橄欖油，將豬肉塊表面煎至上色。

6 豬肉塊放置於稍大的料理盆中，並在豬肉塊表面貼上月桂葉，放進140～150℃烤箱中烘烤60～70分鐘。關閉電源後先不取出，繼續放置30分鐘。→豬肉塊中心溫度只要達65℃即不需擔心生菌問題。我家裡是電烤箱，通常用140℃烤70分鐘。

低溫烤豬肉，請務必烤烤看！
腿肉、五花肉、肩胛肉、胛心肉……等，部位不同風味不同，烘烤時間也會有所差異。

日常養成的急難糧食計畫

YOUR EMERGENCY FOOD PLAN

地震、颱風、疫災，在面對災害不斷的時代，如何居安思危已經是現代人生活的必備知識。自從開始每週固定爬山後，我習慣將登山背包掛在家門入口玄關，裡面裝有上山時應急的乾糧、手套、哨子和保持裝滿的水壺，爬山時用不到的收音機和手電筒另外用小袋裝著。上山時把小袋拿出來減重，下山再放回去。我把登山背包當作地震逃難時，可以抓了就逃的急難背包，一物兩用。

最近因爲新型冠狀病毒的疫災，加上看見澳洲大火的新聞，我在檢查家中的消毒用品和糧食準備量時，才想起了這個觀念：我們是否能在世界太平時，就先培養建立急難時的對策，而非意外發生時才在搶買物資。

鄰國日本長年經歷過地震、海嘯襲擊，是地球上的防災大國，每年針對急難應對的商品推陳出新。近年許多食品品牌相繼推出所謂的「保存缶」，針對既有產品，設計長時間保存的特別包裝罐，有泡麵，餅乾等食品選擇。餐廳業者吉野家也把自家蓋飯做成了罐頭，推出「缶飯」。有牛、豬、雞、魚四種食材、六種口味。罐內有肉有飯，能保存三年。知名食品業者固力果，將旗下兒童點心界的超人氣商品「BISCO奶油夾心餅乾」做成一罐二十枚、可以保存五年的罐頭。

另一個有防災文化的美國，觀念的形成和日本不大相同，主要來自上個世紀，五、六十年代美蘇冷戰時期的緊張關係，開始建立起這種戰備觀念。尤其在1962年古巴導彈危機後來到高峰，美國政府不但在各地、建立儲有飲水和食物的大型公共避難室，原本就有DIY風氣的美國家庭，也各自在後院挖建核戰避難室。從廁所、收音機、到防輻射塵的簡易手動換氣設備皆全。並且依照當年美國政府部門頒布的生存手冊，儲備至少能生活兩星期的飲水與食物。至於爲何是建議兩週？據說是當年美國政府計算出，如果發生核戰，應該會在兩週內結束。

日前我在美國business insider新聞網站讀過一則新聞，一間位於愛達荷州的應急物資公司My Patriot Supply，在川普就職日當週的線上銷售業績，是2016年同期的兩倍。在選舉日前的三個月，銷售額也暴增平日三倍。今日上去該公司官網，可以看到他們的各種防災食品，舉凡馬鈴薯湯、花椰菜湯、奶油雞味飯、燉菜、長粒白米、切片草莓、鬆餅粉、即食燕麥等，多達十多種乾燥食物，透過水煮加熱就能食用，並且提供有兩週、四週、十二週等不同份量的套裝選擇。最厲害的是，他們宣稱這些產品在未開封下，保存期能長達二十五年。即使開封後也能保存一年。

我是服過兵役的人，在軍隊定期爲了消耗所謂的「野戰口糧」，每年會吃上一兩餐硬邦邦的營養口糧，記憶中有些裡面還附上薑糖和沖泡用可可粉。政府農糧署也有「公糧倉」儲存糧米，作爲災害急難時穩定國內之用。如果要在現代家庭裡準備這種戰備糧食，我認爲一般家庭在計畫時，不能只強調儲放，必須務實將生活習慣與汰舊率納入考慮，歸納出適合自己的選擇清單，配合「先進先出」（"First in, First Out"，FIFO）的使用原則，成爲日常中自然存在的習慣。避免流於一時熱度，最後留下一堆過期食品。

除此，考量災害時除了停電，天然瓦斯也可能中斷，一般家庭中除了瓦斯爐或電磁爐這兩種基本明火爐具，建議最好同時備有吃火鍋的小型卡式瓦斯爐或登山爐。這一來有不需冷藏的耐放食品，又有獨立爐具，在現代城市常發生的幾種急難中，就算暫時無法出門幾週，應該都不至斷炊。

日常養成的急難糧食計畫

YOUR EMERGENCY FOOD PLAN

不插電的保存性

除了突發的傳染病，台灣也是颱風和地震頻繁的國家。記得從小只要遇上停電，母親就會盡可能把冰箱裡的食物先烹煮起來，免得壞掉，這時候罐頭就成了一種恩賜。因爲高溫殺菌，有些罐頭能保存至五年，近年因爲登山野營盛行，罐頭的種類也越來越多。除此，乾燥食物也是另一種選擇，除了米，麵條也是生活常見的乾燥食物，我檢查了一下家裡各種麵條的保存期限，泡麵六個月，我愛吃的台南日曬麵十二個月，可保存最久的是三十六個月的義大利麵，是不需冷藏的澱粉儲備首選。

常食的汰舊性

不能只爲了儲放而準備，最好是我們平日生活中就愛吃的。我在家中因爲鍾愛食用番茄料理和玉米，平均每月用量就不少，因此最近我將這兩樣罐頭提高常備量，保持兩箱左右。加上保存效期長達三至四年，每月固定消耗更新，絲毫不擔心過期。

方便的即時性

災難時不只可能停電，無法使用明火烹飪的機率也不低。除了在上述罐頭的選購要考慮即食性，像是登山者愛用的真空包裝食品，也是急難時的聖品。我因爲平日就是無印的咖哩包愛用者，幾種口味都有常備，它的保存期限爲一年。另外，隨著乾燥技術進步，近年有業者將煮好的白飯作成一種乾燥飯，深受登山露營者的喜愛。這種乾燥飯只需打開包裝袋注入熱水或冷水，密封袋口等待數分鐘

Hally Chen

長年專事唱片美術設計，熱衷左手做設計執畫筆、右手拿相機寫文章，同時以兩種眼光看待生活日常。著有《遙遠的冰果室》、《人情咖啡店》、《喫茶萬歲》。

即可食用，無需炊煮，台灣製可保存兩年，日本製最長可達五年，很適合應急之用。

小包裝較便利

罐頭和乾糧都是以小包裝最佳，不要買那種大份量的家庭號，避免打開後一次吃不完，不利保存。如果大包裝、但是裡面有分裝多份小包的形式也無妨。小包裝的食物雖然沒有大份量的便宜，但是利用彈性更大，方便和他人分享交換，也有利移動攜帶。再者，還有一件事你可能沒想過，回想我們這些年看過、像是《瘋子麥斯》、《奪天書》那些好萊塢末日電影，當世界在非常時刻，金融系統崩潰後，食物很有可能成爲一種貨幣。小份量的食物如同小面額籌碼，說不定一個水蜜桃罐頭，就能讓你換洗一頓澡、爲電池充飽電，或搭一段便車。

耐放的蔬果種類

除了上述的加工食品，哪些蔬果保鮮期較長？如何透過處理延長存放時間？哪些不適合久放？也是生活中可以慢慢建立的常識，用來應付供電無虞、有冰箱可用但無法出門的災害。像是紅蘿蔔洗淨後，將莖部連接處切除，切片放入密封袋放入冷凍，可以儲放兩個月。新鮮洋蔥怕溫熱，用通風的籃子或網袋置陰涼處，能避免腐壞發芽，有一至兩個月的存放期。蔬果中最耐放的就屬南瓜，一顆完整的南瓜放陰涼處，可以保存一個月，放冷藏室更可以長達二至三個月。近年許多家庭愛用的真空包裝機，也是保存的利器，不過像是保存的時候會自然釋放氣體的磨菇、洋蔥、蒜頭等，就不適合以真空包裝保存。

挑選急難糧食具備的主要條件：

右圖為我在生活中列為常備對象的幾種食品內容，除了乾燥飯和保存缶餅乾，其他皆為生活中的日常食。下面所列之保存期限隨不同品牌會有差異，購買時需注意。

①玉米罐頭／四年
②番茄罐頭／三年
③紅燒牛肉／三年
④日本保存缶餅乾／五年
⑤茄汁鯖魚／三年
⑥乾燥飯／二年
⑦碎肉咖哩真空包／一年
⑧義大利麵／三年

Story 11.

米食裡的祝福
Blessed with Rice

豪氣干雲，氣口與力度兼備的港式煲仔飯

來自香港的施媽媽根本女中豪傑，煮起煲仔飯來架式十足，一雙鷹眼盯著四、五只小砂鍋，這只鍋冒蒸氣了，呼嚕嚕轟隆隆，她調整火力，旺火轉文火、再將鍋換個角度斜放，過一、兩分鐘，又再換個角度，挪來移去，手上一刻不得閒。她臨危不亂、坐鎮指揮，彷如千手觀音，讓每只鍋都聽話乖巧。

「好啦！熄火，再燜個三、五分鐘就成。」施媽媽一聲令下，顯露武林盟主氣勢，吩咐大家別忘了熄火前還要轉大火猛攻五秒鐘。此刻，再膽大包天也不能去掀那鍋蓋，米飯就靠這最後階段的

columnist **游惠玲**

曾任《商業周刊》〈alive生活專刊〉資深撰述，現為不自由的自由工作者、十分滿足的媽媽。從小就愛吃飯，視「認真煮一鍋好飯」為生命之必要，從米食裡品嘗四季遞嬗、人情故事與生活的美好。 FB：水方子廚房手記

photographer **李俊賢**

用影像和文字書寫，想豐富自己和別人的生命經驗。曾在報紙、旅遊雜誌、電視擔任採編、攝影。近年漫步攝影「教與學」的幽徑上。現為台藝大通識教育中心「現代攝影力」課程講師、眷村保存與紀錄人。FB:飛力光影海

溫度燜蒸而能熟成完整。終於開蓋，臘腸與米香奔出。

淋上煲飯醬油，鹹香甜柔帶焦色，將米飯拌勻，肝腸、臘腸切片，豉汁排骨的油香正好將每顆米飯都裹得剔透。奇妙的是，同一鍋飯，卻能烹到「上下有別，表裡不一致」的多重口感。

砂鍋上層米飯鬆香潤澤，連同配菜舀出先嘗爲快，而鍋底一層鍋巴與砂鍋緊密貼合，像是烤過一樣，脆度正好。一飯兩吃，驚喜愉快。正要將勺子往底鍋鑽挖盛飯，卻被阻止了！俠女施媽媽一個箭步，指著旁邊的茶壺：「鍋巴要加普洱茶來吃。」

恍然大悟，只知道日本有茶泡飯，眞不知道原來港式煲仔飯也可如此。透著熱氣的普洱茶，沖入還帶有餘溫的砂鍋裡，脂香肉香米香入茶，如茶似湯，豐厚有味。鍋巴在粵語稱作「飯焦」，米飯的微焦佐普洱的厚實，脆潤爽口，好吃！人與飯都靚了。

我發現，茶泡飯好吃與否，關鍵在於鍋巴的厚度。鍋巴薄如蟬翼沒有分量，過於乾黑又會惹得飯裡盡是焦味。最好，火力要能透進米飯層一公分左右，讓米飯成餅，金亮褐黃。

我緊迫盯人，眼光沒離開過施媽媽，深怕一個閃神，就錯過她的眼神、手勢與隻字片語。我甚至站到她背後，彎身對齊她的目光射出的角度，想量測看看，俠女究竟是依著什麼邏輯，能夠知道這鍋飯該轉邊站、該調弱火、該熄火該燜了？

泰國香米（左）為秈稻，外觀纖細，和短圓的台灣粳米（右）有明顯差異。

當然有規矩道理可循，像是排骨並不是一開始就跟著米飯、臘腸入鍋，要等到鍋裡湯水「起蝦眼」，水面冒出畢剝氣泡，汁水稍收乾，才可以放料；而放料之後就不再開蓋，熱度才能緊密聚集。

讓我摸不透的是，施媽媽沒用計時器，也沒心算讀秒，卻能泰然自若、運籌帷幄，心不急、氣不渾，身上彷彿置入人體時鐘。她細細觀察蒸氣強弱消長，靜靜聆聽鍋裡氣泡彈跳舞動，大珠小珠落玉盤，由急速至緩慢至悄然無聲。耳能聽聲辨飯，眼可透視米飯蒸騰狀態，自然能煮出上層香軟滑潤、下層脆爽香馥的米飯。掌廚人與鍋與飯的深厚默契，盡在不言中，我見識到了。

而能擔起煲仔飯主角的米飯，施媽媽也有堅持，必須選用高品質的泰國香米。這來自泰國的細長秈稻帶著淡雅茉莉及斑蘭葉香氣，鬆軟香柔，一打開包裝就能聞見。但我好奇，香港也有來自中國大陸的知名秈稻「絲苗米」，爲何對泰國香米情有獨鍾？

找了幾分資料，證據指向潮洲人。廣

東潮州人很早就移民泰國，而香港的潮州移民也屬大宗，早期香港南北行多是潮汕移民經營，泰國香米很自然進入香港，可口美味受到歡迎，悄悄成爲香港人重要的米食來源。泰國米在香港的歷史超過六十年，貿易與文化爲飲食習慣奠基。

施媽媽煮煲仔飯，香米不泡水，洗好瀝乾，就放入鍋中開火，以保持米飯的彈性與勁道。單把手的小型煲仔飯鍋模樣可愛，深得我心，本來正高興又有理由買鍋了，俠女此時又有明示，只要是砂鍋都可以，不必特別再買。如意算盤沒打成，我乖乖回家用舊土鍋煮新菜式，要練到能跟計時器說再見。

飯後大夥兒閒聊，一問施媽媽來歷，原來她是在廣東佛山出生，大家驚嘆：「這不是跟武林高手葉問同鄉嗎？」難怪她功夫了得、高深莫測。我總覺得，做菜就是要有這般俠士氣魄，鼎鑊才有溫度、氣度。

臘味雞肉煲仔飯

跟施媽媽學的是臘味排骨煲仔飯，但我家小孩愛吃雞肉，我把排骨替換成雞腿，肝腸、臘腸或臘肉都行。粵語稱下飯的菜色爲「餸」，其實愛放什麼餸都可以，臘腸冬菇雞飯、瑤柱或鹹魚肉餅飯、牛肉飯加顆蛋，甚至內臟類也成，要注意的是食材熟化時間不一，得先個別處理好。至於烹煮時間長短，就要看米量及砂鍋大小來做調整，煮個一、兩回，將時間記錄下來，慢慢上手。而最後淋在飯上的煲飯醬油，市面上有現成的，也可以自製。

材料(約3人份)

港式肝腸 2條
去骨雞腿 1支
泰國香米 2杯
綠色葉菜 適量
雞腿醃料：豆豉、醬油、米酒、糖、蒜頭（切末）、薑（切末）、太白粉、辣椒（切末）適量（視喜好自由調整內容及份量）
淋醬：醬油、糖

作法

壹. 將雞腿切成容易入口的大小，以醃料醃製約1小時。
貳. 肝腸入滾水煮約3分鐘，青菜燙熟，香米洗淨後瀝乾，備用。
參. 取一只3-4人份砂鍋，置入洗好的米及兩杯水（米水比例爲1:1），淋上少許油及鹽，肝腸切半，放到米飯上。
肆. 開中大火，煮至砂鍋水滾，迅速冒出小泡，水稍收乾，放入醃好的雞腿肉，加蓋。
伍. 中大火續煮約3分鐘，之後轉小火約10分鐘（須視米量及砂鍋厚薄調整時間）。這段時間持續轉動砂鍋，讓鍋體各個角度都能均勻受熱。熄火前再以大火猛攻約5秒鐘，燜上5分鐘。
陸. 製作淋醬，醬油加糖煮至融化，熄火備用。
柒. 開蓋，淋上醬油。取出肝腸切片，配上青菜即可。留下砂鍋底層鍋巴，沖進普洱茶，一飯二吃。

EATING WHILE TRAVELING

旅行中的食物

vol.8

墨爾本╳咖啡

城市角落泡咖啡館

BOARDING PASS

TPE
TAIPEI

MEL
Melbourne

Date
FEB 15

To
墨爾本

Food
咖啡

Columnist
徐銘志

自由撰稿人，曾任職於《商業周刊》、《今周刊》、年代電視台等媒體。作品散見於《GQ》、「端傳媒」、《經濟日報》、《好吃》、《小日子》、《華航機上雜誌》、《香港01》等。對於生活風格著墨甚多，著有《私．京都100選》、《日本踩上癮》、《小慢：慢活．詠物．品好茶》（採訪撰稿）、《暖食餐桌，在我家：110道中西日式料理簡單上桌，今天也要好好吃飯》。網站：www.ericintravel.com

挑高的Loft磚牆空間，讓咖啡館充滿流動氣息。

這個時節，正是澳洲墨爾本的盛夏。不知道是全球氣候異常的關係，還是當地的氣候本就如此？造訪期間，墨爾本清晨和傍晚的溫度僅有十幾度，而白天二十出頭的溫度，還飄來陣陣微風，根本和秋天沒什麼兩樣。加上地廣、植物滿佈，走在墨爾本的街上，空氣裡盡是自在。

來到墨爾本，最不能錯過的應該就是，咖啡了。所有的報導和導覽書，都稱讚這兒是全澳洲咖啡文化的沃土，甚至名聲享譽全球。出發前，小心翼翼地在谷歌上頭打上「墨爾本最佳咖啡館」，名單自然不少；又趁著咖啡業者好友的情誼，要來了一些值得專程前往的咖啡館清單。抵達墨爾本，也採購了《Monocle》雜誌推出的城市書，翻閱著書中推薦的咖啡館。時間有限，多管齊下的交叉比對，得出些許嚮往的咖啡館。

一位已去過墨爾本的友人的描述，算是對當地咖啡文化的親身見證。「非常有魔力，每天起床讓人興致勃勃地挑選要去哪間咖啡館喝上一杯。」沒錯，在墨爾本泡諸多咖啡館後，得到

杯子、杯墊，都有著澳洲活潑的調性，喝完杯底還有驚喜。

Seven Seeds大到區分出好幾個不同獨立區塊。

的結論是，墨爾本的咖啡館具勾人的魅力。至於魅力的源頭爲何？綜合出幾點觀察。

一，自在的氛圍。墨爾本的咖啡館都有著與城市呼應的自在氣息，那是一種輕鬆的流動感。和台灣至櫃檯先點餐再入座，或由專人帶位入座點餐不同，多數的咖啡館並不那麼正式，即便服務人員就在眼前，他們會請你入店自己找座位，緊接著服務人員才會上前來遞上菜單，隨後協助點餐，是種沒有過多壓力的入店方式。

喜歡讓室內與戶外沒有隔閡，也是流動氣氛的關鍵之一。很常見到，咖啡館大面的窗子可以完全收起，根本就像把整面牆挖掉那般，風自在地吹，戶外移動的風景也成了動態影片，即便坐在咖啡館裡，卻和外頭感覺零距離。

挑高、舊倉庫的風格，甚至讓咖啡館空間變得有機，在這兒不用刻意把牆壁設計成舊舊斑駁的紅磚，因爲原本的建築便是如此。像是，Seven Seeds Coffee Roasters就很有loft感，空間大又透過隔間區隔了

無論是共桌，還是獨立小桌，盡情地喝咖啡用餐聊天就對了。

墨爾本咖啡館的餐食和咖啡一樣迷人。

好幾區，像在走迷宮。墨爾本的咖啡館有多自由自在？在Seven Seeds Coffee Roasters喝完咖啡，想說先上個洗手間再離開，步出大門走了五分鐘，才驚覺：「我剛是不是沒付錢就走了？」（似乎很多咖啡館都沒有帳單夾）是的！沒人追出來，回到店內也沒人發現，不好意思地做了說明、補款，親身感受當地專屬的咖啡自由氣息。

二，不只是一杯咖啡。雖名爲咖啡店，翻閱菜單就能發現，咖啡佔比最多一半，通常是三分之一，其他的餐食種類相當豐富。從漢堡、可頌、鬆餅、開放三明治等，應有盡有。而且，這些食物水準之高，絕不輸咖啡。

St. Ali Coffee Roasters是當地頗知名的店家，週末的早上，店內座無虛席，甚至得等上一陣子才有機會入坐。在倉庫的空間裡，有長桌、小桌，店員與外帶的人在店內流動，坐在餐桌上的人都不只是喝杯咖啡而已，大家都點了份量十足的早午餐。我點了沙丁魚罐頭與蒜頭酸種麵包，一旁則是柑橘沙拉。如此簡單的食

St. Ali在類似倉庫、車庫的空間，很有個性又不失風格。

物，在味道上卻一點也不簡單。酸種麵包發酵的香氣，加熱過的鮮美沙丁魚罐頭，就連沙拉組成也滿是細節：鯷魚、茴香、櫻桃蘿蔔、薄荷沙拉，並且搭配麵包屑、柑橘粉末、發酵的柑橘醬汁。滋味與口感，皆是既豐富又驚喜。

當然，在墨爾本的這些咖啡館，咖啡可以是主角，也可以是配角，端看每個人的不同需求。整體而言，在墨爾本喝到的咖啡多半偏酸，不過，寫進回憶裡的盡是甜美的回憶。若還有機會，絕對還要二刷喜愛的咖啡館，和嚐鮮在城市角落輕鬆自在的小店。

Seven Seeds Coffee Roasters
電話：+61-3-9347-8664
網站：sevenseeds.com.au

St. Ali Coffee Roasters
電話：+61-3-9132-8966
網站：stali.com.au

發行人　何飛鵬
總經理　李淑霞
社　長　張淑貞
出　版　城邦文化事業股份有限公司 麥浩斯出版
地　址　104台北市民生東路二段141號8樓
電　話　02-2500-7578
傳　眞　02-2500-1915
購書專線　0800-020-299

發　行　英屬蓋曼群島商家庭傳媒股份有限公司城邦分公司
地　址　104台北市民生東路二段141號2樓
電　話　02-2500-0888
讀者服務電話　0800-020-299（週一～週五 9:30AM~06:00PM）
讀者服務傳眞　02-2517-0999
讀者服務信箱　csc@cite.com.tw
劃撥帳號　19833516
戶　名　英屬蓋曼群島商家庭傳媒股份有限公司城邦分公司

香港發行　城邦〈香港〉出版集團有限公司
地　址　香港灣仔駱克道193號東超商業中心1樓
電　話　852-2508-6231
傳　眞　852-2578-9337
Email　hkcite@biznetvigator.com

馬新發行　城邦〈馬新〉出版集團 Cite(M) Sdn Bhd
地 址　41, Jalan Radin Anum, Bandar Baru Sri Petaling,
57000 Kuala Lumpur, Malaysia.
電 話　603-9057-8822
傳 眞　603-9057-6622

Executive assistant manager 電話行銷
Executive team leader　行銷副組長　劉惠嵐 Landy Liu　分機1927
Executive team leader　行銷副組長　梁美香 Meimei Liang　分機1926

製版印刷　凱林印刷事業股份有限公司
總經銷　聯合發行股份有限公司
地　址　新北市新店區寶橋路235巷6弄6號2樓
電　話　02-2917-8022
傳　眞　02-2915-6275

版　次　初版一刷 2020年4月
定　價　新台幣249元□港幣83元

Printed in Taiwan

登記證 中華郵政台北誌第373號執照登記爲雜誌交寄

國家圖書館出版品預行編目 (CIP) 資料

好吃.38：採集日常，台灣滋味！醬料、香氣、食材、味型／好吃研究室編著. -- 初版. -- 臺北市：麥浩斯出版：家庭傳媒城邦分公司發行，2020.04
面；　公分
ISBN 978-986-408-583-5（平裝）

1.食物 2.飲食風俗 3.臺灣

427　　109002006

好吃 Vol.38
採集日常，台灣滋味！
醬料、香氣、食材、味型

編　著　好吃研究室
總編輯　許貝羚
副總編輯　馮忠恬
特約撰稿　お仙、石傑方、沈軒毅、李宛儒
特約攝影　Arko Studio 林志潭、
Hand in Hand 璞眞奕睿影像、鄭弘敬
專欄作家　Hally Chen、叮咚、李俊賢、徐銘志、
德永久美子、游惠玲（依筆劃）
美術設計　黃祺芸
行　銷　陳佳安